堂本流 **15** 款經典配方與風味筆記，教你在家做出溫暖療癒的麵包

請問 阿洸師傅！

陳撫洸

著

動手做溫暖又美味的麵包

人生嘛，真的走的每一步都算數。

我高中念的是電子，畢業後在中式餐館工作，有了大鍋炒經驗，煎牛排的火候練習，也略懂梅納時間的拿捏和食物味道的堆疊；做音響時的工程精神，則幫助我不斷嘗試用科學方法求証作法，把聲音調整到自己覺得很好，客人聽了會爽的地步。一路上的這些影響，像一條不會斷的線，幫我把年輕時候的天馬行空，串在往後每一個實驗創作的味道裡。

音響工程和麵包烘焙看似八竿子打不著，其實關係很深。

29歲從音響工程轉換跑道成為在麵粉堆裡打滾的人，最大的感受就是這裡充滿了「聽說」，各種的人家說、我朋友說、我聽誰說、我看配方上說……但就很少聽到「我試過！我跟你說。」

做音響的時候，師傅常說想跟響不同，依照理論，你想的音質應該是這樣，實際響出來卻是那樣！理論只是骨架，得經過自己多次的嘗試調整、落實檢驗才能得到讓人銷魂的聲音。

工程師的靈魂在配方裡的麵粉和奶油堆裡流轉，無法接受只是我覺得，或是我聽說、書上說、還是人家說……

我的東西，都是傳統而不正統。我喜歡傳統的東西，卻不喜歡無腦地樣樣遵循正統的做法，配方到手我還是會每一樣每一樣的都去試出來，面對各種根深蒂固的傳統麵包製作流程與公式，我每天總是在想，「真的不能這樣搞嗎？」「難道沒有其他的模式嗎？」光想沒有答案，就是要動手，去做去練習。

真的不要擔心會失敗，因為失敗一定會發生。二十多年來我砸的鍋也沒少過。

本來嘛，技術層面的發展總有幾個進程，從學過到略懂到失敗到會到很會到還可以到看又失敗到可以到很可以到不錯，一直到讓人家說你很神，這中間的奧義就是要練習跟一直練習，還有不斷的練習。

書上寫的，與其說是配方，更可以說都是我不斷練習下的學習記錄，你可以當作是筆記參考，先照做試試，然後不妨也想想自己的感覺，實驗找各種不同的方式練習～

有練習就有試吃，有練習就有失敗，每一次的失敗就像一把種子，種子撒多了，很快就會擁有一片森林。

在家裏練習，決定好不好吃的是你的家人，是你的小孩、夫人或腦公，這本書希望大家都能在家動手做出美味又溫暖的麵包，自己動手做出來的麵包，溫暖絕對是溫到爆，至於美不美味好不好吃，不是配方決定的，而是吃的人說了算。

本書使用説明

這本書收集了我超過 20 年各種實證累積的精華，裡頭有堂本麵包店的14 款暢銷食譜與1款我近幾年的新歡（一直捨不得讓它上架的洛代夫麵包），希望讓即使是烘焙新手，只要跟著 Step by Step，都能做出讓人滿意的麵包來。

全書採取少見的「後下酵母」模式，建議在製作前可先閱讀 Part1，內有後下酵母的原因、主材料的烘焙百分比與烤製時間等建議，大部分我都使用新鮮酵母，若使用乾酵母請將用量減少1/3，並使用3倍的水（配方內水）調開。

店裡使用的是三能 SN2050 的方形吐司模，不過每個人都可以選擇自己喜歡的，正如這本書的最大目的，便是希望能打破覺得「做麵包好難喔」的心理狀態，鼓勵讀者多嘗試，實驗自己的風格麵包。整本書都是在家庭的環境裡製作，用的也都是家用的冰箱與烤箱，期待大家都能在家 DIY，暢遊在麵包的美麗世界裡。

Part 1　做麵包前應該知道的事

Part 2　動手做溫暖又美味的麵包

1. 昭和吐司

從業20年後，重新認識麵包的一個作品，
而這，才是吐司該有的樣子。

昭和吐司

阿洸的風味搭配學

╳ 抹上含鹽奶油
╳ 草莓果醬或海苔肉鬆
╳ 做成咖哩奶油吐司條
╳ 中深焙黑咖啡

2. 生吐司

同中求異最難，我在配粉與湯種的比例上調
整，讓它雖然軟綿，也能有市面上生吐司少
有的彈性與麥香。

生吐司

阿洸的風味搭配學

╳ 不回烤的濕潤美味
╳ 軟嫩歐姆蛋
╳ 熱可可絕配
╳ 清爽的冰紅茶與果汁

3. 馬斯卡邦吐司

我把尺寸做小、奶油換成馬斯卡邦起司，烘
烤過後，便成為一款質感很好的素色上衣。

馬斯卡邦吐司

阿洸的風味搭配學

╳ 酸味果醬
╳ 甜味單純的楓糖漿
╳ 蘭姆葡萄冰淇淋
╳ 帶酸質的中淺焙單品

8. 鮮奶核桃麵包

這款麵包的材料就是要用力的給它加下去，放好放滿，讓每一口都能吃得到核桃粒與牛奶香。

阿洸的風味搭配學

鮮奶核桃麵包

× 堅果味黑咖啡或拿鐵
× 烘烤過的穀物飲品
× 冰牛奶＋早餐燕麥片
× 蘋果汁

9. 法國白葡萄麵包

這是我對天然酵母風味追求的起點，也是我們店內自養酵母「小白」的扛鼎之作。

阿洸的風味搭配學

法國白葡萄麵包

× 味道濃郁的餡料
× 藍紋起司
× 奶油＋砂糖的邪惡吃法
× 堅果味單品咖啡

10. 無花果麵包

如何讓歐式麵包成為台灣人的日常？加點我們愛吃的蜜餞吧！

阿洸的風味搭配學

無花果麵包

× 煎鴨肝
× 藍紋起司或卡門貝爾
× 西班牙水果紅酒 Sangria
× 氣泡感飲品

11. 西班牙橄欖麵包

我把麵包當雜炊，整顆麵包就是一道滋味飽滿的菜餚。

阿洸的風味搭配學

西班牙橄欖麵包

× 番茄冷湯
× 貢丸湯
× 黃金泡菜
× 啤酒、燒酎、煎茶、玄米茶

Part 1 起手式

做麵包前
應該知道的事

麵包是科學,看似許多原理與限制,都得實際驗證過才知真假,本書便是我累積了20年經驗,突破不少理論與框架後的方法論整理。

以不同手法卻依然能做出美味的麵包,每種作法,都是歷經無數次實驗後的精挑細選,希望它既簡單且實際,讓烘焙新手能做出滿意的麵包,烘焙能手也能從中獲得一點啟發。

準備好工具

工欲善其事，必先利其器，不需要買最厲害的工具設備，
先把基本的備起來，就可以開始做麵包囉。

1. 烤盤紙與布巾	**7.** 玻璃碗	**13.** 刮勺
2. 烤盤架	**8.** 刮刀	**14.** 打蛋器
3. 鋼盆	**9.** 耐熱烤模	**15.** 毛刷（塗抹蛋液等液體）
4. 粉類過篩網	**10.** 刮板	**16.** 噴霧器（噴水用）
5. 電子秤	**11.** 探針溫度計	**17.** 剪刀
6. 量杯	**12.** 擀麵棍	**18.** 小刀

學會看食譜，烘焙的材料百分比怎麼算？

麵粉是麵包的主角，烘焙材料百分比即是把麵粉的重量看成100%，計算其他材料與麵粉的佔比狀況；

烘焙百分比的公式＝
（原料重量 ÷ 麵粉總重量）X 100%

因此最後的總和一定會大於100%。

以這張馬斯卡邦吐司的食譜來說，麵粉重量240克，5克的鹽佔麵粉的2%（5÷240=0.02），163克的水佔了麵粉的68%（163÷240=0.68），但是到底，我們為什麼需要知道烘焙百分比呢？

● **一旦看得懂烘焙百分比，便可以依據手上要製作的份量或麵粉量，計算出每種材料的比重，一切都可以自己計算，不用受制於食譜上的克數。**

● **在麵包的製作裡，基本元素：水、酵母、鹽都有適切的烘焙百分比，一看烘焙百分比即可知道食譜有無問題，也可以根據所需微調。**

如何計算材料用量？

了解烘焙百分比後，接下來該如何算出每款麵包需要的配方份量呢？

由於在秤料、攪拌時都會有材料沾黏在器皿上，為避免材料在製作過程中越來越少，書中配方皆已算入耗損，也就是**將麵團的需求量乘以1.05＝實際用量。**

比方要做3條馬斯卡邦吐司，一條約180g，麵團總需求量為180g×3=540g。

（需求量 ×1.05 ÷ 百分比合計量）＝ N
以每項材料的百分比 × N ＝實際用量

ex.
540g×1.05÷237.2=**2.4 →** N
100%×**2.4**=240g ＝麵粉實際用量
68%×**2.4**=163g ＝水的實際用量

製作份量	3 條；180g／1 條	
模具尺寸	15.5×7×6.5cm	

材料

A	百分比	重量(g)
山茶花麵粉	100%	240
鹽	2%	5
水	68%	163
B		
法國老麵	20%	48
（作法見P19）		
上白糖	8%	19
煉乳	6%	14
C		
馬斯卡邦乳酪	30%	72
新鮮酵母	3.2%	8
總和	237.2%	569

水量的烘焙百分比：40%-100%

丹麥麵包	約40%
貝果	約40%-60%
甜麵團	約60%-65%
吐司	約65%-75%
歐式麵包	約75%-100%

不用因為多一點水或少一點水而覺得麵團失敗了，每批麵粉的吸水率不同，增減10%左右的水量都在可容錯的範圍內。

 鹽的烘焙百分比：1%-2.2%

甜麵包	約1%-1.2%
吐司	約1.5%-1.8%
歐式／無糖麵包	約2%-2.2%

無糖的麵包，需要多一點鹽，有糖的麵包鹽可少一些，依照基本的規範去調節，寫自己的配方。

 酵母的烘焙百分比：0.3%-1.5%（以乾酵母為例）

需長時間發酵的麵團	約0.3%-0.7%
直接法麵團	約0.7%-1.2%
高油糖的甜麵團	約1.5%-1.7%

除了高油糖的麵團，一般麵團，若酵母的使用量超過1.5％就容易吃出酵母味，酵母的用量多寡關係到操作時間、速度與硬體設備，如果要做的品項多，人跟設備都不足，便可以用少一點的酵母拉長發酵，以爭取更多的工時。

＊這邊是以乾燥母為例，若要改為新鮮酵母要調整為 3 倍的量。

擔心麵團攪拌時的升溫嗎？
讓我們以「後下酵母」來解決

一般的麵包食譜，攪拌麵團時，會把主材料與酵母一同放入，由於麵團攪拌會升溫，打麵團有時會高達十幾分鐘甚至半小時，溫度升高會影響到酵母的發酵，讓整個麵包的發酵過程變得難以控制。

通常我們會計算好冰塊的使用量（計算冰量的經驗值：夏天大約是取材料中總水量的1/4加減換成冰塊；冬天大約是1/5-1/6加減量），一起加入麵團裡攪打，讓打麵團的溫度不至於上升太高，但我也知道許多人對於控制麵團的溫度很苦惱，在歷經多年實驗與驗證後，本書採取「後下酵母」的方式，也就是麵團打到差不多五、六分筋或可離缸時再下酵母，如此即不用擔心前面的麵團打太久，或麵團升溫影響到後續的發酵，後下酵母是確認好麵團狀況已經接近快打好後，才開始讓酵母工作，讓麵包保有最好的膨脹性。

● **依據經驗**，不同麵團的最後出缸最佳溫度為：

無油無糖的歐式麵包	**22-24 ℃**
高油糖的甜麵包	**24-26 ℃**
吐司	**26-27 ℃**

麵團攪拌到一半，再放酵母

打到麵團可離缸時，先測量溫度。

若溫度太高，可取出攤平，並適時地噴水，蓋上保鮮膜後，放入冰箱裡降溫（冷藏約10分鐘，冷凍2-5分鐘）。

降溫到想要的溫度，放入酵母攪拌，並進行後續的步驟。

麵團要發酵多久呢？
用科學的量杯或紙板來記錄吧！

發酵攸關環境溫度，溫度越高，發酵越快，就像威士忌，台灣的葛瑪蘭威士忌釀造的速度就比蘇格蘭快，每個人製作麵包的環境都不同，發酵「時間」很難一體適用，因此我們多用膨脹的體積來溝通。

我會建議初學者可以直接用量杯測量，麵團發酵時，額外取一小塊放在量杯裡鋪平，若要發酵1倍大，看到麵團從量杯裡的100長大到200便完成了。

無論發酵0.5倍、1倍、1.5倍還是2倍，都有機會可以做出很好的麵包，發酵長短很像料理的火候，短時間發酵像快煮，保留較多的材料風味，長時間發酵像慢燉，吃的是融合之味，我會因應想要呈現的味道，決定發酵膨脹的體積。

整形完的後發酵很難用量杯，那就用紙板來記錄

麵包的巧妙與有趣，便在一次又一次的實驗中，忠實記錄下喜歡的口感風味與發酵狀態。整形完的麵包無法放入量杯觀察膨脹狀況，憑記憶又容易出錯，我便發展出紙板記錄法，以手工DIY紙板去記錄每次的後發酵狀況，直到試驗出喜歡的麵包狀態，往後就用此紙板高度去評估該款麵包的後發程度，簡單又有幫助。

● **以量杯檢測發酵狀況**

發酵前　　　　　　　發酵1倍

— After
— Before

顛覆慣性！打麵團時先下奶油

這個概念是從磅蛋糕而來，在製作磅蛋糕時，會把奶油跟糖慢慢地加入雞蛋裡，這部分若做得不好，沒有乳化完成，磅蛋糕就容易老化，相反的，若在糖油拌合法裡，糖跟雞蛋能完整乳化，磅蛋糕的保水性與濕潤度都會好很多。

將此概念放在一般麵包的麵團攪拌上，我們希望奶油、水分跟其他材料能充分融合，因此本書採取先下奶油模式，一開始攪拌便把奶油放入，讓乳化作用更完全。

麵團盡量以中速或中低速攪打，不要用高速，以低速慢慢伸展出來的麵團，質地會較細緻。

麵團的筋度怎麼看？

麵團從六、七分筋到十分筋，從小鋸齒到大鋸齒，都可以做出品質很不錯的麵包，端看製作者想要呈現的狀態。麵筋就像一個牆壁，越攪拌雖然會讓麵團變得越柔軟，但若過度拉扯，也會讓麵筋變薄，超過所能承受的耐受度，就像如果把氣球吹到很飽和再放掉，皮會變得皺皺的，無法恢復它該有的彈性。

在製作麵包的過程裡，我並不會刻意追求多薄的薄膜或多大的筋度，麵團只要能產生薄膜包裹住酵母所產生的二氧化碳，就能達到膨脹目的，接下來的筋度追求都只是為了調整口感。我個人最多打到八分筋或九分筋，麵團攪拌過度的傷害遠大於攪拌不足，過猶不及往往一線之間，食譜都有推薦的麵團筋度，大家可以先參照，接著便可以根據想要的口感與彈性，實驗出適合自己的。

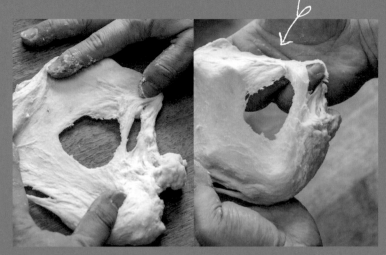

膜厚，大鋸齒

6 分筋

7 分筋

8 分筋

9 分筋

10 分筋

薄透光，無鋸齒

清楚看到指紋，薄而不透

烤製時間好難算!?

麵包一定要烤熟!看似基本的道理,但很多人都不知道,坊間許多麵包,外表酥脆,但麵包芯可能都還沒烤熟。

觀察麵包有無烤熟有兩個重要指標,一是不黏牙,沒烤熟的麵團化口性不好,咀嚼時會稠呼呼的沾黏在牙齒上。另一個是麵包的回彈性不好,輕壓表面不會彈起直接凹陷。

60-70℃是蛋白質熟化變性的溫度,可以暫時固定麵包的基本形狀,但結構不穩定,根據經驗,中心溫度要達到96-98℃間,才會穩定固化,烤吐司也才會真正烤熟不歪腰。

麵包在烤箱越久會散失越多水分,我們麵包師傅追求的,便是如何在較短的時間內(水分散失少)能完整的把麵包烤熟,也就是以最短時間達到麵包中心溫度97℃的目標。如果15分鐘可以達到97℃,我就會把烤箱溫度往上調整個10-15℃,看能不能縮短成13分鐘,如果13分鐘可以,就會再往上提升10-15℃看能不能變成12分鐘(但要保持表皮不焦黑的程度)。

烤製時間的拿捏便是不斷地在烤箱溫度、麵團中心溫度、烤製時間裡來回測試,新手可烤到食譜上接近2/3的時間前,先使用烤箱的探針溫度計測量中心溫度,了解麵團狀況。

● **達到如下便是烤熟的狀態:**

軟麵包:中心溫度97℃後再烤2分鐘

歐式硬麵包:中心溫度97℃後再烤5分鐘
(可根據想要的表皮厚度上下微調)

● **不同的麵包大小,也有建議的烤製時間:**

600公克麵包:40分鐘內烤完

450公克麵包:30分鐘內烤完

200公克麵包:15-18分鐘內烤完

120公克麵包:15-16分鐘內烤完

80公克麵包:不超過15分鐘內烤完

60公克麵包:10-12分鐘內烤完

每個烤箱的升溫速度不同,大家可以在如上的時間範圍內去測試最短的出爐時間,讓麵包保有最佳的水分與保濕性。

翻面與排氣

並非所有麵團都需要翻面，翻面可排出舊有空氣，並包裹住新鮮空氣，透過折疊的方式，強化麵筋筋性，讓整個麵團能更有力道，有助於後續的發酵，也可以讓組織更細緻。

含水量越高的麵團（如洛代夫麵包），翻面的力道可強一些，藉此來加強麵團的膨脹效果，相反的，含水量少的緊實麵團，翻面的手法可以輕盈一些，才不會過於緊繃。

每個師傅都有自己的手法，這裡介紹一種簡單且我最常用的方法，為讓讀者能看得更清楚，特別以毛巾示範。

1 先將麵團平鋪。

2 由下往上折1/3。

3 再由上往下折1/3。

4 成一長條後，由左向右折1/3（左右以製作者的視角）。

5 再由右往左折1/3後，順勢翻過來。

6 稍微拍平即可。

麵包的發酵不是一條單行道

麵包的製作工序可分為：

攪拌麵團→基本發酵→分割滾圓→中間發酵→整形→最後發酵 →烘烤→出爐。

不過製作麵包不是只有一條單行道，每種麵包都可以遵循如上 的常規直接法來製作，但也可以攪拌後接基本發酵、分割滾圓 後直接整形接後發酵，或者是麵團攪拌好即放入冷藏，在冰箱 裡進行低溫隔夜的基本發酵，到隔天早上再分割滾圓，進行後 續步驟。

無論是家庭或店內製作，都可以依照時間、人員、設備等去微 調作法，找出符合需求的麵包製程。像我自己很愛實驗，每種 方法我都會嘗試，再依照成品、想要的風味口感等需求，以及 店內的排程去寫下堂本的食譜SOP。

麵包有千年歷史，食譜也常會帶給讀者限制與框架，我自己以 前是工程師，面對「理所當然」的理論很習慣去挑戰質疑，一 定要親自驗證，並思考有無其他的途徑也能達到一樣的效果。

世界會進步便是許多人思考要如何把不可以變成可以的過程， 所以人類出現了飛機，我們登入了月球。

這本書的許多做法跟坊間的麵包食譜都不同，但全是我自己實 證而來，也才赫然發現，很多的「不可以」在實際嘗試過，其 實也都「很可以」，因此不要自我侷限，只要理解麵包的基本 原理，知道想要的目的在哪裡，不管用哪一種操作模式，都可 以做出喜歡的麵包來。

養出自己的發酵風味——
法國老麵／全麥老麵

我個人偏好長時間發酵的風味，經歷實際測試，發現低溫長時間發酵的麵團風味深邃卻比較清淡，少了直接法拳拳到肉的鮮明感，因此我常以法國老麵搭配直接法，讓它既能有長時間發酵的濃郁感，也可以有直接法的鮮明滋味。

我會打一個麵團，提早拿一些出來，剩下份量用老麵來補足，去比較有無添加法國老麵的各別風味，再來選擇。

法國老麵是一個完整的麵團，可以添加在甜味或鹹味的麵團裡，不會影響到配方的平衡（也不需調整酵母用量），它的功用主要在風味，添加的幅度，從麵粉量的5%一直到50%都可以，可自行決定風味濃淡。

做自己的法國老麵

材料

高筋麵粉	1 kg
鹽	20 g
水	700 g
新鮮酵母	7-12 g

作法

1. 把材料全部攪拌在一起，麵團終溫約 24-26℃。
2. 在室溫（約 28℃）裡發酵 1 小時或發到 1 倍大。
3. 把空氣壓平排掉。
4. 塑膠袋套好後，放冷藏發酵 12-24 小時後可用。

＊也可將其分割成 100 克（家用）裝小塑膠袋壓平冷凍，可保存約半年。幾乎任何的麵團都可以添加，概念上類似於料理裡的冷凍高湯。

＊只要把高筋麵粉替換成全麥麵粉，即成全麥老麵。

自家培養酵母

十幾年前,我便開始自養酵母,從戒慎恐懼到信手捻來,這裡要告訴大家,自養酵母一點也不難,只要有自來水、果乾或水果就可以開始製作,一路進化、實驗後,我發現以「葡萄乾」、「沒有煮沸未過濾的自來水」、「沒消毒過洗淨晾乾的玻璃罐」(不一定要緊張兮兮的以酒精消毒瓶身)三者搭配的成功率最高。

加入白麵粉的我稱為「小白」、加入全麥粉的稱為「小黃」、加入裸麥粉的就是「小黑」了,每個人家裡的自然落菌都不同,人人都可以培養出自家風味來!

開始培養小白

1. 取200g的水果菌種液體與200g的麵粉混合。
2. 放置室溫下發酵約4小時後,加入100g麵粉和100g的水拌勻。
3. 再讓其發酵4小時後,加入100g的麵粉和100g的水拌勻。
4. 換個大容器(避免滿出來),蓋上蓋子後,移到冰箱冷藏,低溫發酵約2天,便可以開始加入麵包裡使用。

● **小白使用的烘焙百分比從0%到50%都可以,只會稍微增加一點點的發酵力,因此不需要特別改變酵母的用量。酵母量的多寡,除了取決於想要的發酵與口感外 還肩負著配合我們時間的任務。**

先培養水果菌種

材料

自來水	250g
葡萄乾	60g
蜂蜜	5g

作法

1. 打開水龍頭,玻璃瓶裡裝水,放入葡萄乾跟蜂蜜攪拌均勻。
2. 蓋上鋁箔紙但不要密封,置於室溫下(約28-30℃)培養。
3. 每天搖晃玻璃瓶一次,使葡萄乾均勻浸漬。
4. 夏天約3-4天(冬天約5-7天),葡萄乾會浮起,周圍冒出小氣泡,若聞起來有酒香即代表水果菌種培養完成,若出現霉味則代表有雜菌,整個過程需重來一次。

Point

◆ 這個作法是直接使用未過濾、未煮沸的自來水,個人淺見是,因水裡的氯在前期能抑制瓶中生態的雜菌,等酵母菌的族群起來之後,就有一個良好的繁殖生態。

◆ 葡萄乾也不需消毒。葡萄乾有很多皺摺,除非用水煮過不然也無法消毒,然而若煮過,表皮的酵母菌也煮完了。

◆ 將瓶口套上手套固定,就可以完整觀察酵母菌產生二氧化碳的活性,每天拿起來搖一搖,當手套被吹得鼓鼓的就行啦!

● 使用時，每次用多少補多少，麵粉是酵母菌的食物，若今日用400g，就補進200g的麵粉和200g的水，攪拌均勻即可繼續培養，若做麵包的頻率少，至少一個禮拜須取出一部分並餵養一次麵粉與水。

小白長期不使用該怎麼辦？

1. 若長期不使用小白，可將小白與高筋麵粉一起用調理機打成鬆散的粉狀（高筋麵粉的用量不拘，只要能把小白打成鬆散粉狀即可）。

2. 此時小白還有點濕濕的，可放在有熱度的烤箱旁，慢慢烘乾。（不能太高溫，要放在人體可以承受的溫度底下）。

3. 烘乾水分後，即可放入冷凍，可保存一年。

4. 等到下次要使用前，先用1:1.2的水：麵粉比，混合均勻，做為對照的濃稠度。

5. 取冷凍庫裡的小白乾粉出來，慢慢加水，調到跟**4**一樣的稠度。

6. 將**4**和**5**一起混合均勻後，常溫發酵12-24小時（不時攪拌，讓酵母菌甦醒），直到小白慢慢產生出氣泡後，加入同等量的水與麵粉再養3-4小時。

7. 即可放入冰箱冷藏續養。

學生常會問我，
這樣可不可以，那樣可不可以，
我都會笑著說，大部分的事情都可以。

麵包的做法沒有絕對的標準，
如果真要說的話，那就是一定要烤熟！
麵包製作，一定還有許多我們沒有想到，
或是還不知道的方法，

多一點探索、多一點累積，
如果還沒打算很快放棄，
累積失敗的經驗，
絕對有益於技術的增長。

祝大家在烘焙的路上盡情探索千萬種可能，
做出屬於自己風格最滿意的麵包！

1.

昭和吐司

從業 20 年後,
重新認識麵包的一個作品,
而這,才是吐司該有的樣子。

記得畢卡索曾說過：「要畫得像拉斐爾，需要四年的時間；但要畫得像個小孩，我卻學了一輩子。」

昭和吐司給了從業20年的我很大的啟發，它之所以會出現，跟2020年新冠肺炎與從2019年開始的生吐司風潮有關。新冠肺炎世界門戶緊閉，原本我要出國教課的行程全數取消，多了許多時間待在台灣，當時看到還在繼續延燒的生吐司風潮，有點不服氣，雖然1年多前我也隨波不逐流的做了堂本版生吐司，也覺得自己做得還不賴，但我清楚的知道，為了呈現不可思議的柔軟感，生吐司失去了麵包該有的麥香與咬勁，當太想表達一件事，一定會同時失去某項特質，雖然生吐司是這幾年的市場主流，卻不是我心目中的理想吐司，趁著在台灣的時間，我決定發展出另一款吐司來回應這股潮流。

我想到了創立於昭和17年（1942）的日本淺草傳奇麵包店─Pelican，近八十年來，這間店只賣白吐司、山型吐司、奶油麵包捲、圓麵包、長型麵包五樣東西，其中吐司也供應給東京不少的喫茶店、甜點店，每天早上八點門一開便排著長長人龍，其中以吐司最受歡迎，不但是日本人的愛，台灣不少饕客或麵包師傅也會特別去朝聖，從2002年起我便去了6次，每次都帶好幾條吐司回台，2019年台灣上映了他的紀錄片《淺草的幸福吐司》，我還特別跑去久違的電影院觀賞。

要說有什麼特別？Pelican的吐司非常純粹，該有的麥香、咬勁、組織感一點都不少，日常樸實，卻會讓人想念。我看了配方，所有神奇的材料都沒有，跟著用簡單的原料：麵粉、鹽、水、酵母、糖、奶油，試了幾次後，就讓自己感動不已。

記得那天做好，不知不覺就吃掉三片，我擔心是自我感覺良好，拿去給同事及老客人吃，每個人都喜歡，好幾個人一咬下去便說：「這是我小時候的味道！」柔軟的韌性，隨著咀嚼慢慢滲出的麥香與焦糖甜味……

往回推三、四十年前，台灣沒有那麼多的副材料可以添加，吐司的配方單純，漸漸地，我們的飲食往精緻靠攏，整個消費社會都想要更花俏、更複雜、更有話題、更具風味獨特性的產品，加了糖不夠加煉乳，加了煉乳不夠加鮮奶油、加了鮮奶油不夠加雞蛋，把麵粉跟發酵的味道掩蓋掉，變成一種複合的風味。

我用簡單的配方、升級的原料，做出大家熟悉卻好久沒有品嚐到的記憶滋味，我自許做過中餐，吃過許多厲害的餐廳，想著對於味道的理解比一般大眾更深入，總以為只要加入一點特別的元素，多一撇別人沒想過的作法，就可以在麵包的大世界裡被看到，也用這樣的想法走了將近20年，直到做出昭和土司後，吃下的那幾天給我很大的反省：它的組成簡單，工序單純，做出來的麵包卻這麼的令人回味，讓我回想起什麼是真實的麵包，那些我以前所引以為傲的優越感到底是什麼？

不負眾望，昭和吐司榮登堂本麵包店2020年銷售冠軍，我開玩笑跟好友說，之前搞東搞西，實驗好久都沒有得到這麼好的回饋，練功20年，用多年的麵包經驗駕馭這個配方時，才找到了吐司該有的模樣。

Pelican吐司從昭和17年創立至今，我取名為昭和吐司，除了向喜歡的麵包店致敬外，也希望昭和吐司可以跟著堂本，走向未來數個十年，成為經典。

製作份量	1 條
模具尺寸	**A** 三能 SN2050
	11.5×11.5×11.5cm 方形吐司模
	B 三能 SN2052
	19.6×10.6×10.9cm 吐司模

材料		**A**	**B**
	百分比	需求量：350g	需求量：450g
特級山茶花	100%	200	260
鹽	1.8%	4	5
糖	6%	12	16
奶油	5%	10	13
水	65%	130	169
新鮮酵母	3%	6	8
總和	180.8%	362	471

Point
如何計算材料用量

（需求量×1.05÷百分比合計量）＝N

以每項材料的百分比×N
＝所需用量

350g×1.05÷180.8=2 ⟵ N
100%×2=200g＝麵粉實際用量

450g×1.05÷180.8=2.6 ⟵ N
100%×2.6=260g＝麵粉實際用量

放入麵團的份量與模具實際份量的比例，會影響吐司食用的口感，緊實或鬆軟。

攪拌麵團

1
所有材料混合（新鮮酵母除外），放入攪拌機中。

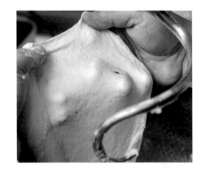

2
麵團攪拌至離缸；此時可拉開麵團，看是否已產生厚的薄膜（如圖示），為5至6分筋，溫度約25℃。

如果麵團溫度太高，超過25℃，即需先讓麵團降溫，降溫方式請參考P12。

3

加入酵母。

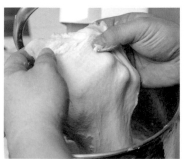

4

繼續攪拌至 7
分筋，麵團的
理想終溫為
27℃。

> 昭和吐司的筋度會比一般吐
> 司還要少，為了呈現最佳的
> 口感，請不要打至薄可透光。

發酵

5

將麵團取出後
收圓，準備發
酵。

> **Point**
> 發酵過程要讓麵團隔絕流動
> 的空氣，可放置發酵箱或蓋
> 上布，以保持麵團濕度。

6

取一小塊麵團
放進量杯，等
待發酵；其餘
麵團收圓、蓋
布發酵1.5倍。

以這個方法，看量杯
刻度即可方便確認已
發酵至1.5倍。

— After
— Before

> **Point**
> ◆ 因為每個人製作的溫度環境條件不同，因此以
> 量杯為工具來判斷發酵程度會相對精確；這也
> 是堂本麵包每天使用的方式。
>
> ◆ 店裡基本發酵為1.5倍，大約90分鐘。
>
> ◆ 麵團濕度：進爐之前，盡量用各種方法（蓋布、
> 蓋塑膠袋、放箱子），讓麵團表面維持在像是剛
> 打好麵團時的濕潤度。
>
> ◆ 昭和吐司因為材料簡單，可以拿來測試不同的
> 麵粉，完整展現麵粉風味，也能了解發酵風味
> 的變化。
>
> ◆ 這款吐司很適合用來測試麵包的各種發酵程
> 度，或各種改變因素所造成的影響，發酵1
> 倍、1.5倍、2倍……或者改為冷藏隔夜發酵、
> 中種法、擀捲一次、擀捲兩次、滾圓入模……
> 都可以鮮明地體會不同工法為麵包帶來的改
> 變。（堂本店裡使用的是擀捲一次的方式。）

7
當麵團發酵至
1.5倍後，將量
杯中的麵團與
大麵團揉合，
確認麵團重量
為350克。

8
輕輕滾圓。

麵團鬆弛、擀捲

9
蓋上布，鬆弛
15-25分鐘至
可以輕易擀開
的程度。

10
先往下擀。

11
再往上推擀。

12
翻面，光滑面
朝下。

13
由上往下捲成
圓柱。

14
圓柱完成圖。

18
發酵至模具八
分滿。

放入模具、後發酵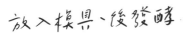

15
將麵團放入模
具。

19
蓋上吐司模上
蓋,進烤箱。

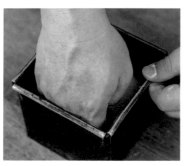

16
稍微壓平、整
平。

20
以上火220℃、下火240℃,
烘烤約18分鐘。

> ### Point
> ◆ 使用烤箱探針溫度計,在烤15分鐘後,
>   推開吐司蓋斜叉到麵團中心,待溫度上
>   升到96℃,延續2-3分鐘就可出爐。
>
> ◆ 若烘烤時間長、超過22分鐘,代表烤溫
>   太低,可以用「15℃」的間隔往上調升。

17
蓋上布(或放
置發酵箱),
靜置。

21
出爐後,將吐司模用力在桌面敲打,
使熱氣排出。

> 推開蓋子時(注意開口不要朝向自己),若
> 發現麵團微凸,表示麵團過發,此時若直接
> 開蓋會有大量熱氣竄出、容易燙傷,可放置
> 1-2分鐘,等散熱後再開蓋。

1

四邊不要有銳角

帶蓋入爐烤的吐司,若四面有尖銳直角,可能是發酵過度,也就是麵團膨脹發酵到整個模都沒有空間,專業上稱為「出角」。烤好的吐司邊角呈圓弧型,發酵的狀態比較對。

阿洸師傅帶你
品麵包

2

不要歪腰

吐司歪腰70%都是因為沒烤熟,經驗是要把麵團中心烤到96-98℃,延續2-3分鐘,蛋白質才會穩定且固化,才算是真正的烤熟。可在快烤好時,開蓋斜插溫度計查看溫度,或是依照每次的練習觀察,歪腰不熟就加長爐烤時間,但請勿超過22分鐘,烤越久散失的水分越多,內裡會變乾燥,表皮也會變厚,影響口感質地。

不過度發酵，以３倍為極限

3

麵團膨脹的體積是發酵的指標，我們在書裡教大家用量杯去精準觀察麵團膨脹狀態，若過度發酵會產生酒味與酸味、組織會變粗糙，也容易烤出死白的顏色（發酵把糖分都轉化吸收了），烤不出香氣與迷人的琥珀色。

5

帶著Ｑ彈感與焦糖香

理想的昭和吐司走的不是軟綿路線，配方上奶油與水的比例較生吐司與堂本的白吐司來得少，帶著Ｑ彈口感，烤色較深有焦糖香（但記得不要烤焦喔），單吃或烤起來食都很適合。

4

昭和吐司的材料簡單，只要改變任何一個因素都可以吃到明顯的變化，可以試著改變麵粉的品牌、發酵方法或擀捲方式來感受那個「不一樣」，絕對能增進對麵包的理解。至於吐司的烤色，我通常喜歡偏深卻還未烤焦的感覺，因此會以高溫短時間來快速上色，你也可以找到適合自己的烤色。

品嚐原料香

 昭和吐司

日 常 食
DAILY

阿洸的
風味搭配學

1 在抹刀上抹點含鹽奶油，塗在剛烤好的吐司上

昭和吐司像一碗很好的白飯，吐司烤好後，立刻抹上奶油，光塗抹的沙沙聲就引人垂涎，分泌唾液，咬下第一口，微香焦脆，非常銷魂，大人小孩都愛，記得一定要在吐司還熱的時候抹奶油跟果醬。

2 塗草莓果醬或海苔肉鬆

要塗果醬，我最愛草莓這一味！如果説昭和吐司＋草莓果醬是純情少女，昭和吐司＋黑胡椒羅勒草莓果醬就是酒國名花（可以在草莓果醬裡加入黑胡椒跟羅勒試試）。還有一種搭法，海苔肉鬆＋草莓果醬，我小時候都這樣吃，鹹甜都滿足了，還有肉的油脂香。

3 冷凍切條，做成咖哩奶油吐司條

把昭和吐司切片後放冷凍，取出以菜刀切成3-5公分寬左右的長條，進烤箱烤到外皮稍微脱水脆脆的程度，塗上有鹽奶油後，撒上糖（依個人喜好奶油與糖的比例為2:1或3:1）、少許的咖哩粉做成咖哩奶油吐司條。

4 想來杯飲料嗎？中深焙黑咖啡讓你回到喫茶店老時光

日本許多喫茶店都有賣早餐，經典風味的昭和吐司，配上中深焙咖啡，是我記憶中日本喫茶店的味道，Pelican café 也是如此搭配，喝一口中深焙黑咖啡，過復古老時光（不敢喝黑咖啡的也可以加牛奶一起）。

＊在我心目中，昭和吐司幾乎各種食物都可搭，它就是一碗亮晶晶，很好的白飯，也是一張好睡的床，一個絕佳的 base，無論誰在上面都會很適合。

幾乎各種食物都可搭！

33

生吐司

同中求異最難，
我在配粉與湯種的比例上調整，
讓它雖然軟綿，
也能有市面上生吐司少有的彈性與麥香。

「生吐司給我的挑戰是，如何隨波不逐流。」

先是日本，後是台灣，2019 年台灣興起了生吐司風潮，不過，到底什麼是生吐司呢？它指的不是未經烤熟的吐司，而是在副材料裡加入更多的鮮奶油與糖，以創造出濕潤、入口即化的柔軟感，取名為「生」，便是強調它一到嘴裡就融化的軟綿效果。

最初生吐司在日本是做給長輩吃的，訴求口感鬆軟，沒想到卻意外獲得大眾青睞，大家都喜歡軟軟綿綿的吐司啊～一時之間，不僅日本生吐司名店來台插旗，台灣不少麵包店也開賣起這款吐司。

對於像我這樣擁有 20 年經驗的麵包師傅來說，起初並不覺得生吐司有什麼稀奇（不就是多加一點鮮奶油、湯種就可以做到了嗎？以前當學徒時，店裡配方便是如此，只是含水量少一點而已），只覺得日本人好會行銷，不以為意，也不想隨之起舞，直到有天老客人跑來問：「阿洸師傅，你會不會做生吐司？」我這才意識到，這股風潮已經吹到大部分家庭的吐司採買裡，不只是一窩蜂的流行，我是不是也該做一款堂本版的生吐司來服務客人？

我很會做競品分析，馬上把市面上的各方生吐司名店都買回來，一個個比較感受，哪些是共通的？哪些是各家獨有的？再去收集所有可以拿到的配方（包含原物料商提供的），研究彼此間的關聯，什麼

材料不可或缺？什麼材料可有可無？不同的配方比例有些什麼樣的差異性？全部統籌後再加入自己的想法。

我發現市面上絕大部份的生吐司都強調軟綿濕潤，除了奶香外其他的風味都不突出，而我一直以來都很在意麵包的風味表現，由於生吐司來自日本，當大家多以日本麵粉來製作時，我想試著以「配粉」來呈現不同風味。

日本麵粉保濕度佳風味淡雅，台灣麵粉灰份高保有強勁的麥香力道，我以台灣麵粉搭配日本麵粉，補足我所感受到的，生吐司奶香濃郁卻麥香不足的部分。

至於口感，我雖然做得比一般吐司柔軟，但仍堅持需要保有某種彈性，認為麵包要有一定的咬感，才不辜負麵包之名，因此在湯種的粉水比上調整，讓它能保濕卻不會過於軟綿。

同中求異最難，堂本從不是走在潮流上的店，原本很想跳過這一題，卻還是被客人抓回來面對，想想既然客人信任我們，就用手藝與觀念來重新詮釋，幾個月後便推出這款，軟中帶Q，除了奶香也充滿著濃郁麥香的堂本版生吐司。

這是我的「隨波不逐流」習題，交卷囉。

———————————

動手做溫暖又美味的麵包

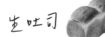

材料		
製作份量	2條；500g／1條	
模具尺寸	19.6×10.6×10.9cm	

材料

A	百分比	重量(g)
山茶花麵粉	50%	242
高筋麵粉	50%	242
奶粉	4%	19
鹽	1.8%	9
奶油	6%	29
水	68%	329

B		
湯種 *	7%	34
鮮奶油	12%	58
糖	15%	73

C		
新鮮酵母	3%	15

總和	216.8%	1050

* 湯種

食材	重量(g)
山茶花麵粉	100
沸水	110

事前準備

水煮沸後，倒入山茶花麵粉攪拌均勻。

> 湯種若份量太少不好製作，這裡完成的湯種，取32克使用，其餘可分裝冷凍，約可保存半年，使用前回溫即可。

攪拌麵團

1
山茶花麵粉、高筋麵粉、奶粉、鹽、奶油放入攪拌缸中，混合均勻。

2
加水繼續攪拌。

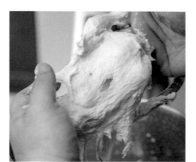

3
攪拌至麵團可拉出薄膜（5分筋）。

此時若打出薄膜，但薄膜容易破掉，就表示還沒完成。

NG

4
繼續打至有彈性、不破的薄膜。

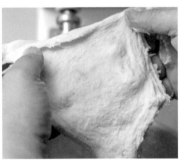

5
再加入湯種、鮮奶油、糖。

6
繼續將麵團攪打到離缸，至少7分筋。

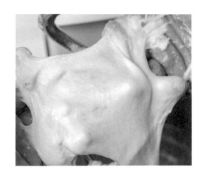

Point

◆ 遇到水量高的配方，可採取分階段加入液體（水→鮮奶油）的方式，讓麵團中的水分不要一次太多，如此，攪拌時麵粉與麵粉之間擁有摩擦的空間，就容易產生筋度。等到麵團筋性形成後，麵粉會更好吸收更多的副材料。

◆ 此麵團含水、鮮奶油，油量高，需耐心攪打，成品也會比較黏手。

加入酵母 --------------------------

7
加入酵母繼續攪拌。

麵團分割、搟捲

11
分割麵團。

8
麵團打至如圖示程度，拉開薄膜，可以很清楚的看到指紋，透薄而不破，完全沒有鋸齒。麵團終溫 26-27℃。

這個配方的含水量偏高，完成的麵團是會比較黏手的。

12
250 克一個。

發酵

9
麵團蓋布，基本發酵 50 分鐘，讓麵團發酵到1倍大。

13
滾動成圓球狀。

或以量杯的方式發酵至 1-1.5 倍，參考P13。

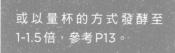

14
蓋布靜置，中間發酵鬆弛 20 -30 分鐘，直到搟開不會回縮。

10
發酵完成。

15
拍平，往下擀。

16
再往上擀。

17
翻面，由上往下折。

18
再折。

19
繼續一折，按壓。

20
稍微捲起。

21
轉90度再拍平，往下擀，再往上擀，捲起。

Point
擀捲兩次，會更有口感；若以滾圓方式口感則較蓬鬆。

放入模具、後發酵

22
吐司模要先抹油，避免沾黏。

23
麵團擺放進抹油過的吐司模。

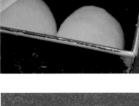

24
最後發酵到九分滿。

25
發酵完成。

26
以上火170℃，下火230℃，烘烤約25分鐘。

27
出爐前測溫。當吐司中心溫度達到98℃，再烤3分鐘即可出爐。

> **Point**
> 這個配方的水分較多，麵粉量相對少，因此450克的模具，使用麵團量要500克，才能做出吐司綿密的口感。

> **Point**
> 生吐司含水量高，烤到96或97℃出爐時可能還會歪腰，所以會建議烤到98℃才出爐，比其他麵包再多出一點點的時間。

阿洸小提醒

麵團攪拌程度的拿捏

生吐司強調柔軟，坊間許多食譜在麵團的攪拌上常會建議打至光滑，不過對於掌握度不佳的初學者來說，「打至光滑」跟「過度攪拌」往往只有一線之隔，不好拿捏。麵包的膨脹支撐來自於麵粉攪拌時所產生的筋性，會成為薄膜包裹住發酵的二氧化碳，當攪拌程度過高，表皮的薄膜會變得很薄，如此麵包的支撐性會不佳，容易塌陷或皮皺。

根據經驗，麵團攪拌過度的傷害遠大於攪拌不足，若是還在練習手感的讀者，不妨可以先把麵團打到呈現小鋸齒的狀態，基本上麵團只要打到大鋸齒到小鋸齒間的程度，就可以做出品質很不錯的成品來。

隨著一次又一次的經驗累積，從小鋸齒往打至光滑邁進，記錄每次的口感與烤焙後的外觀與表皮厚度，看自己吃不吃得出來，決定將來要在哪裡下功夫。

生吐司

阿洸師傅帶你
品麵包

1

室溫2-3天仍能維持柔軟

生吐司強調的便是不需烘烤，2-3天也
能保有柔軟口感，因此檢視一條生吐司
有沒有做好不是當天，而是要放到隔天
甚至第3天，觀察有沒有老化變硬。

2

從老化程度回推發酵狀況

很快老化的生吐司，可能是基本發酵時
溫度太高，太快的發酵時間會讓麵包整
體容易老化變乾。

3

不容易掉屑

麵包一但老化變乾，除了影響口感也會變得很會掉屑，觀察生吐司的掉屑狀況也是評量自己吐司是否有做好的指標。

4

組織細緻有光澤

生吐司有鮮奶油、奶油、糖等副產品，切面組織會呈現細緻的光澤感，若帶著粗糙，可能是攪拌不足或攪拌過度。麵包的製作是複合的連續過程，可透過調整攪拌與發酵程度來微調，讓身體去記住感覺。

阿洸的風味搭配學

1 不回烤,直接拿起來吃

生吐司的鬆軟感,強調不用回烤,單吃也濕潤美味,為了不辜負美名,建議不要烘烤,直接拿起來吃,或者也可以塗上喜歡的果醬或奶油,不過為了表現生吐司的柔軟優勢,建議選擇味道不會太強烈的塗抹物,如花生醬便不適合。

2 夾上嫩嫩的歐姆蛋

有些食材要搭上烤得酥脆的麵包,但不知為什麼,煎得嫩嫩的歐姆蛋特別適合夾在口感同樣軟綿的生吐司上,軟嫩的共通性,在嘴裡創造出爆炸性的綿滑感。

3 搭上熱可可

生吐司和可可是絕配,奶香味讓這組搭配有巧克力牛奶之感。

4 想要喝一杯嗎?紅茶與鮮榨果汁是好選擇

天冷時生吐司適合搭配熱可可,天熱時冰紅茶、鮮榨果汁也適合,能創造出早餐健康的清爽感。

適合搭配熱可可！

馬斯卡邦吐司

我把尺寸做小、
奶油換成馬斯卡邦起司，
炙烤過後，
便成為一款質感很好的素色上衣。

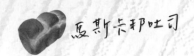

「上課或配方只是一個骨架，得經過多次的嘗試、調整、落實檢驗，才能得到適合的產品，不過，最關鍵的是，誰才是最後決定能否上架的人？」

馬斯卡邦吐司是堂本近幾年的新創作，也是我鼓勵同事去外頭上課所帶回來的新產品。

每次上課回來同事總會分享所學，剛開始我會做最少的干預，聽聽他們學到了什麼？也品嚐做出來的麵包風味，各同事也會盲測試吃，覺得有潛力的商品，便進入堂本麵包實驗室裡進行調整開發。

通常只有十分之一的品項會上市成為商品，這款馬斯卡邦吐司，從擀捲的方式、配方到尺寸大小全都試過一輪，最後發現不用擀捲，直接滾圓入模，最能保留優雅的奶香與化口性，這時我們就不用假會，覺得一定要多做什麼來展現高超技藝，反而是以最小的介入，維持喜歡的味道。

尺寸大小也是個驚喜的發現，原本的配方是用12兩450克的吐司模，經過不斷實驗，發現以磅蛋糕模具來烤效果最好，只要把模具稍微加工，在下方打上三個小洞，就可以烤出尺寸迷你，底部又平整的小山型吐司。

因為尺寸小巧，也讓它產生了新出路，許多客人會拿來當零食，一小片幾口就吃完，不少客人的回饋都說，馬斯卡邦吐司看似平凡，

卻會在不知不覺中吃光光，尤其是烤過後有乳製品的高雅感，是其他吐司不容易取代的。

以前我做音響，師父常說「想」跟「響」不同，依照理論，音樂放出來應該是 A，結果卻是 B，食物也是，上課或配方只是一個骨架，得經過多次的嘗試、調整、落實檢驗，才能得到適合的產品，不過，最關鍵的是，誰才是最後決定能否上架的人？

如此重要的決定，絕不能由我來做，而是全體同仁「共同承擔」，甚至門市小姐與老客人會佔最大的比例。堂本有堂規，即使是我做出一個自我感覺良好的作品，只要被門市小姐打槍，一定什麼都不說的摸摸鼻子回到廚房裡繼續實驗，每天站在第一線的他們，最懂客人需求，門神的話怎麼可以不聽呢？

每項產品都會經過數月或數年的測試，直到門市小姐、老客人點頭後，我才會拿給身邊的朋友吃，這時已進入最後階段，產品本身很完整，主要是分享，也做個簡單的餐飲圈市調。

我始終清楚，我要服務的是這些跟了我十幾年的老客人，一定得經過他們的點頭，商品才會推出，與其追求各種最 fine 最細緻的風味，我選擇用很好的原料，做出普羅大眾喜歡且生活上都能負擔得起的日常麵包。

我自己很滿意這款得自於同事靈感的馬斯卡邦吐司，歡迎你也來試做看看，說不定你會喜歡擀捲兩次的風味，這樣也很好。

製作份量	3條；180g／1條	
模具尺寸	15.5×7×6.5cm	

材料

A	百分比	重量(g)
山茶花麵粉	100%	240
鹽	2%	5
水	68%	163
B		
法國老麵	20%	48
（作法見P19）		
上白糖	8%	19
煉乳	6%	14
C		
馬斯卡邦乳酪	30%	72
新鮮酵母	3.2%	8
總和	237.2%	569

Point

◆ 液體含量超過65%，麵團會先打到離缸、有彈性，再下其他的材料會比較好吸收。

◆ 當製作份量少（或水分少）時很容易打到離缸，此時不一定代表麵團已經打到需要的程度了；判斷方式是必須打到麵團光滑細緻、不黏手，可以用對折折出光滑面。

2
加入材料 **B**。

3
麵團攪拌到底部離缸，不沾黏。

攪拌麵團 ・・・・・・・・・・・・・・・・・・・

1
材料 **A** 混合，放入攪拌機中攪拌成團，打到能略微拉出薄膜，產生筋性。

如圖示，麵團雖已離缸還很粗糙，要繼續攪打。

4
放入馬斯卡邦乳酪。

5
繼續攪拌麵團到離缸狀態。

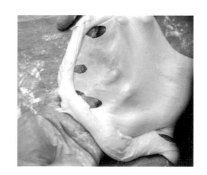

7
完成的麵團可拉出薄膜,約8分筋度。

這時候的攪拌要有耐心,因為含水量高,需要的時間比較長,但因為作法為後下酵母,因此不用擔心攪拌時間過長。

發酵 --

Point

麵團打至離缸後,溫度若高於27℃,可先取出、攤平,適時噴水,放入冷凍庫,冷卻降溫至23-25℃(冷藏約10分鐘,冷凍2-5分鐘)。等麵團降溫後,即可取出,進行下一步驟。

8
取一小塊麵團放進量杯,等待發酵;其餘麵團收圓、蓋布發酵1.5倍。

以這個方法,看量杯刻度即可方便確認已發酵至1.5倍。

——— After

——— Before

6
放入酵母攪打至均勻。

要不要翻面(指發酵到一半時)與原物料有關係,建議每種麵團都測試一半翻面、一半不翻,便可挑選出最好的風味。(翻面說明請參考P17)

麵團分割滾圓

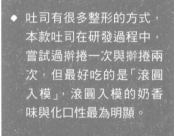

9
麵團發酵完成後，滾圓，分割成每個60克，滾圓，3顆一組，可製作成三條吐司。

10
滾圓好的小麵團，蓋布靜置10分鐘。

◆ 吐司有很多整形的方式，本款吐司在研發過程中，嘗試過擀捲一次與擀捲兩次，但最好吃的是「滾圓入模」，滾圓入模的奶香味與化口性最為明顯。

◆ 麵團比較軟，手會黏可以沾一點麵粉。

11
入模前再滾圓一次。

Point
如果不熟練滾圓，還有另一個方法：將麵團對折、轉90度對折、再轉90度對折。

入模前滾圓口感會比較細緻，形狀不會歪七扭八。

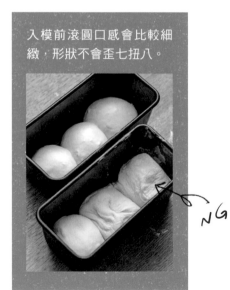

NG

放入模具、後發酵

12
將滾圓的麵團
3顆為一組,
擺放進吐司
模。

Point
在此是使用磅蛋糕的模
(15.5×7×6.5cm),但是
在底部打洞,打洞後烤起
來吐司會比較平。

13
噴水(防止表
面乾燥)。

14
靜置發酵。

15
放於室溫下,
讓麵團發酵至
九分滿。

Point
◆ 也可放發酵箱,36-38℃
約50分鐘,以發酵至九
分滿為準。

◆ 「後發酵」的溫度環境,
從5℃-38℃(冷藏、室
溫、發酵箱),都是可以
讓麵團良好發酵的方式;
溫度與時間是相對的變
因(溫度越低,發酵時間
越長)。在此做法中,最
終需要麵團發酵至八至
九分滿,可自己依實際
條件去調整發酵所需的
溫度與時間。

16
以上火160℃,
下火240℃,烘
烤約20分鐘。

阿洗小提醒

有經過搟捲的馬斯卡邦吐司,口感較
有彈性,但奶香味較淡;以滾圓方式入
模,香氣飽滿口感輕盈(也是我在堂本
想表現的狀態)。在家做的時候,不妨
打好麵團後,將每種方式都做一遍,實
際感受不同狀態下造成的效果變化,找
出自己喜歡的。

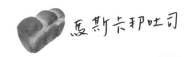

馬斯卡邦吐司

1

不要歪腰，確認麵包有烤熟

麵包歪腰站不穩，70% 都跟沒烤熟有關，仔細觀察自己的麵包狀態，若沒烤熟下次可以增加時間或拉高烤箱溫度。咬起來會不會黏牙也是沒烤熟的指標，這款麵包的化口性好，烤熟絕對不會黏牙。

2

查看組織，不要有粗糙大氣孔

關於吐司的組織該有多細緻？各方説法不同，許多日本名店的吐司掰開後，組織也沒有想像中的綿密細膩。只要不要上下沈積（中間鬆上下密），或上下兩截看起來明顯不同，都不算做壞，小小孔洞也不影響美味。

麵團攪拌過度、發酵太高溫、擀捲或滾圓時沒有適當的排氣，都是造成組織粗糙的原因，雖然組織攸關口感，但不要太過頭其實影響不大，請不要太苛責自己，也不需要求一定要做到無毛細孔的狀態，慢慢找到手感，每次的練習，都有機會看到組織的改變，進而抓出自己的參數。

3

品奶香與麵粉香

該款吐司材料單純，品的是馬斯卡邦起司烘烤過的優雅奶香，另也有山茶花麵粉的麥香，咀嚼中一直跑出的淡淡甜味，是上白糖與煉乳在作用。

阿洸師傅帶你
品麵包

4

表皮光滑不破皮

是不是常不小心就把吐司的皮給烤破烤焦？入模前滾圓、噴水，烤出來的整體形狀與表皮都會比較漂亮。破皮也會影響綿密性，讓鬆軟口感消失，須特別留意。

日常食
DAILY

阿洸的
風味搭配學

1 搭配酸果醬，奶香味會讓酸味柔和

這款麵包烤過之後，散發的奶香質感，是馬斯卡邦自己的味道，和加了牛奶或奶油的吐司完全不同，單吃就非常美味，但如果想要多增添一點層次，可以抹上帶酸味的果醬，像草莓、藍莓等一起享用，馬斯卡邦的乳香會讓果醬酸圓潤柔和，吃來平衡舒服。

2 淋上楓糖漿一起享用

記得不要淋上蜂蜜，蜂蜜是蜜蜂嗡嗡嗡到處採集而來，味道複合；同樣是甜，楓糖的味道單純，更適合用來搭配奶香純粹的馬斯卡邦吐司。

3 和蘭姆葡萄冰淇淋是絕配！

我常說 Häagen-Dazs 是全世界風味最平衡的冰淇淋品牌，他們以世界為市場，測試過大部分地球人的喜好來研發產品。馬斯卡邦吐司和 Häagen-Dazs 的蘭姆葡萄冰淇淋是絕配，我們從乳酪盤裡知道，起司和葡萄乾是好朋友，冰淇淋裡的葡萄帶酸，加上萊姆酒的尾韻，以冰淇淋的奶香為介質，完美地和馬斯卡邦吐司結合。

4 想喝杯咖啡嗎？選杯帶有酸質的中淺焙單品吧！

非洲帶有酸質的中淺焙單品咖啡很適合這款吐司，無論是莓果酸或檸檬酸，都能拉出奶香，也讓酸味圓滑柔滿。

喝杯咖啡！

4.

紅酒巧克力磚

我想做出像布朗尼甜點一樣的麵包，
玩風味的濃度、口感與層次，
獻給有童心的大人。

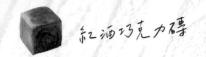 紅酒巧克力磚

「我有點孩子氣，想做出巧克力風味爆炸的麵包來，
有了遠大目標後，堂本麵包實驗室便雄心勃勃的啟動。」

我愛布朗尼，這是一款麵包師傅想要做給自己吃的布朗尼麵包版。
市面上的巧克力麵包，包含我自己做的都是，常吃著吃著覺得單
薄，心裡會不由自主的想著：「這不是巧克力這不是巧克力這不是
巧克力⋯⋯」

巧克力麵包該有的濃郁巧克力味呢？不甘心麵包做好後再自己沾
醬，我有點孩子氣，想做出巧克力風味爆炸的麵包來，有了遠大目
標後，堂本麵包實驗室便雄心勃勃的啟動。

想要滿滿的巧克力感，卻也貪心的希望風味有層次不死膩，我決
定自製三種不同的副材料：巧克力醬、巧克力餡片與榛果巧克力內
餡，分別以打入麵團、擀捲、抹餡的方式添進麵包裡，實驗三種巧
克力狀態，分佈在麵包的不同部位、以不同的方式放入麵團時，在
風味濃度上的變化，也因為想要有咬感，特別在榛果巧克力醬裡加
入了杏仁碎粒。

一切看似合理（是嗎？），不過研發的過程非常燒腦，最初我僅想到在攪拌的麵團裡混入巧克力醬，並在入模進烤箱前抹上巧克力內餡，做好後，總覺得還是少了點什麼？無法滿足坐在地上跳腳說這不是巧克力的無賴大人，直到找到巧克力餡片這塊拼圖，採用類似可頌的擀捲方式，整個味覺版圖才完整。

巧克力餡片就像巧克力麵團跟巧克力內餡間的橋樑，讓彼此味道接合不斷裂，又因為風味濃度上的差異，產生出不同的甜感，當我聽到太太說：「這根本不是麵包是甜點嘛！」就知道自己成功了。自製巧克力副產品看似麻煩，但只要選用好材料，百分百自肥無誤。巧克力醬加上熱牛奶，化身為我冬天最愛的熱巧克力飲品，餡片裡的主原料法芙娜巧克力，我也時不時拿來當零食偷吃，總之，能做出一款自己喜歡，也獲得大眾青睞的麵包非常幸福，我彷彿看到許多跟我一樣無巧克力不歡的大人，得到了撫慰。

這款巧克力磚還添有一點點的紅酒，是獻給甜螞蟻的大人們，偶爾，就讓我們當個偽兒童吧。

製作份量 2顆；500g ／ 1顆
模具尺寸 11.5×11.5×11.5cm
（三能 SN2050 方形土司模）

材料

A	百分比	重量(g)
高筋麵粉	100%	245
巧克力醬 *	16%	39
法國老麵	26%	64
（作法見P19）		
糖	8%	20
鹽	1.6%	4
紅酒	16%	39
水	35%	86
奶油	8%	20
新鮮酵母	4%	10
總和	**214.6%**	**527**

B
巧克力餡片 *
榛果巧克力內餡 *

巧克力醬 *

材料	重量(g)
水	10
鮮奶油	10
糖	10
可可粉	10

製作巧克力醬

1
水、鮮奶油、糖先拌勻，以中小火煮滾，煮滾後關火。

2
加入過篩過的可可粉拌勻，再開中小火煮滾。

3
煮滾後轉小火，持續攪拌2分鐘，稍微濃縮至可緩慢滴落、滴入鍋中可堆高的狀態。放涼備用。

Point

◆ 選擇喜好品牌的無糖可可粉。

◆ 可可粉太早加入容易造成可可粉燒焦，必須關火後加入拌勻，再加熱。

◆ 可一次做大量，放冷藏可保存約1個月。

◆ 加牛奶調到喜歡的濃淡，就可以做成熱巧克力（冬天很適合）。

◆ 也可以加入1小匙的紅酒，效果更好。

巧克力餡片 *

材料	重量（g）
牛奶	70
糖	35
高筋麵粉	20
可可粉	15
酸的黑巧克力 64%-72% （堂本使用 VALRHONA 64% Manjari 孟加里巧克力）	45
蛋白	30
奶油	20
玉米粉	5

製作巧克力餡 ------------------

1
牛奶、糖、過篩的麵粉與可可粉，加入鍋中，以打蛋器攪拌均勻。

2
以中小火加熱至鍋邊微冒泡，加熱至微冒煙，關火。

滴落狀態：滴落後呈現三角形半凝固狀。

3
加入黑巧克力、蛋白與奶油、玉米粉。

4
繼續以中小火加熱，煮到巧克力融化，攪拌到沒有顆粒後，把鍋邊刮入中心，繼續攪拌加熱，慢慢從流動狀變得濃稠，煮至凝固，切記火不要太大。

5
之後把巧克力麵糊倒在兩層保鮮膜之間，整到厚度平均，約0.5公分厚。

6
冷藏備用，約可保存一周。使用前直接取出即可（不需回溫）。

此配方若把蛋白拿掉，就可以變成巧克力卡士達。

紅酒巧克力磚

榛果巧克力內餡 *

材料	重量（g）
市售杏仁碎	75g
水滴巧克力	120g
榛果醬	40g

製作榛果巧克力內餡

1 杏仁豆用調理機打成碎顆粒狀，或可直接選買市售杏仁碎。

2 加入水滴巧克力、榛果醬拌勻即可。

> 也可一次做大量，放冷藏可保存約1個月。

製作麵團

1
材料 **A** 混合（新鮮酵母除外），放入攪拌機中攪拌成團。

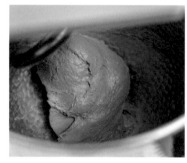

2
繼續打到離缸，麵團溫度25℃。

3
加入酵母。

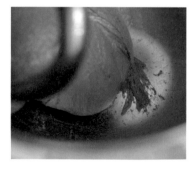

4
打到麵團離缸，至7分筋。終溫25-27℃。

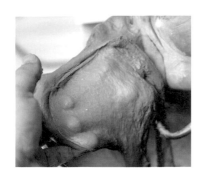

打到可拉起薄膜，但不是
很薄。

5
蓋布攤平鬆弛
20分鐘。

這個步驟主要是讓麵團鬆
弛。此配方中有大量法國老
麵，等同中種麵團，並且因
為麵團風味濃郁，發酵的香
氣就不是重點，材料的風味
才是關鍵。

若發酵的風味越多，材料風
味會越少，就像翹翹板；所
以在此發酵，主要是讓麵團
鬆弛好進行後續動作。

包入餡片，擀四折一

6
20分鐘後，將
麵團擀開。

7
擀成約能包覆
餡片的大小。

Point
手粉較多的那面朝下，要以
手粉少的那面來包覆餡片。

8
將巧克力餡片
保鮮膜撕開，
放到麵團上。

9
往右折、再往
左折將餡片包
起。

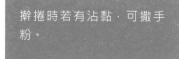
擀捲時若有沾黏，可撒手
粉。

10
擀開，轉90
度，繼續擀成
直條型。

11
上下兩邊往內
對折。

12
再對折。

13
兩面撒粉，蓋
上保鮮膜。

14
冷藏約20-30
分鐘，鬆弛到
容易擀開的程
度。

不要常溫鬆弛，避免發酵。

抹上內餡、捲起

15
從冰箱取出，
以擀麵棍輕壓
出米字，慢慢
推開。

16
擀成30公分正
方片。

17
均勻抹上榛果
巧克力內餡。

18
捲起成長條狀。

19
在接縫處噴水
黏實。

20
在麵團上方噴
水，因為沾太
多粉口感會不
好。

放入模具、發酵

21
切成約500克。

Point
切出的不規則小塊,多的可
放在模型底下。

22
烤模刷上奶油。

23
將麵團放入模
具。

24
蓋上塑膠袋,
靜置。

25
發酵至九分滿,
約50分鐘。

放進烤箱

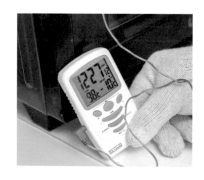

26
蓋上蓋子進烤
箱,以上、下
火220℃,烘
烤約30分鐘。
烤到中心溫度
98℃。

因為每個烤箱的溫度顯示狀態不同，如果第一次烤，發現30分鐘後麵包還無法達到中心溫度98℃，那麼下次就可將溫度設定調高10-20℃。以烘烤時間30分鐘為前提，找出自家烤箱最適合的烤溫。

27
將吐司用力敲出模具。

紅酒巧克力磚

阿洸師傅帶你
品麵包

1

烤出來要帶圓角

以四方模具烤的麵包，為避免過度發酵
把空間塞滿，烤出來會希望可以帶點圓
角，若有尖銳直角，專業上稱「出角」，
即代表過度發酵，下次要減少發酵時間。

2

站好不歪腰

麵包一定要烤熟！新手若擔心的話，可以烤到2/3時
間，以溫度計插入麵團中心點，只要達到96-98℃，
延續2-3分鐘即可將麵團烤熟。科學上麵粉蛋白質
60-70℃即熟，但根據我的經驗，要96-98℃才能
穩定且固化，麵包歪腰通常70％都是因為沒烤熟，
少部分是因為發酵過度。

3

注意濕潤度

因麵團與內餡都有巧克力，巧克力遇熱
會成為液體，使得此麵包咬下去會有一
定的濕潤度，為了不讓水分過度蒸散，
在烤箱的時間不得超過30分鐘，以免表
皮過厚，內裡的濕潤感消失。

4

以手切榛果創造獨特口感

除了用市售的榛果醬，也可以手切烤熟
的榛果放入，雖然會多花點時間，不過
手切時大小不一的顆粒感，可以創造出
很好的咬感。

日常食
DAILY

阿洸的
風味搭配學

1 擺上香草或抹茶冰淇淋

既然是麵包版的布朗尼，當然要烤過之後擺上一球冰淇淋，巧克力跟香草的搭配永遠不會出錯，覆盆子、黑櫻桃等帶酸的口味也適合，抹茶冰淇淋則是走另一種路線，透過抹茶的苦味，讓巧克力磚的甜多了層回甘底蘊。

2 杏桃果醬與打發鮮奶油

靈感來自於維也納的經典甜點沙赫蛋糕，沙赫蛋糕是在巧克力蛋糕體的中間夾著杏桃果醬，表面再塗上鏡面巧克力。把巧克力磚烤過切片後，塗上杏桃果醬便可做成麵包版的沙赫麵包，若想再華麗一點，就放上打發的鮮奶油吧！

3 想要來一杯嗎？香料熱紅酒或冰牛奶

有肉桂、丁香、柳橙等風味的香料熱紅酒，本就很有冬天的暖意，巧克力磚配上渾厚風味的熱飲品，在天冷時會很有幸福感。夏天的話，跟冰牛奶一起喝則非常棒！烤得熱呼呼的巧克力磚很適合冰涼有醇厚度的飲品，牛奶會變成巧克力風味，巧克力磚則會吃來像冰可可。

4 大人味飲品，試試威士忌

有吃過夾餡巧克力中間放著烈酒嗎？威士忌跟白蘭地都很適合做成 bon bon 巧克力，甚至也有 bartender 做出熱巧克力威士忌調酒，巧克力磚配威士忌是大魔王，適合想要微醺的你。

擺上香草冰淇淋！

5.

起士奶油軟貝果

這款麵包玩的是外皮與內餡聯合起來,
在嘴裡的鮮嫩多汁。

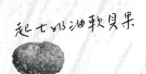
起士奶油軟貝果

「透過提高麵團含水量以及日本的燙麵技巧，
讓整顆麵包口感像帶水的軟潤膠囊。」

你想像中的貝果吃起來是什麼感覺？有點嚼感、帶點咬勁，QQ的中間還可以剖半夾餡？

我收集了大家對貝果的想像，企圖做出一款像貝果卻又不是那麼貝果的產品。奇怪，阿洸師傅到底在說什麼？（聽到許多人心裡的OS了）。

且慢，請聽我娓娓道來，堂本的貝果口味從胡蘿蔔、豆漿、豆漿紅豆，一路進展到這款起士奶油軟貝果。如果有看過我第一本書《堂本麵包店》的讀者就會知道，胡蘿蔔貝果是特別獻給討厭吃紅蘿蔔的孩子，透過日本的燙麵技巧，做出孩子喜歡的軟Q及濕潤感，並以胡蘿蔔汁代替水，加入少許的柳橙汁與蜂蜜來提味，麵團經過烘烤後帶出的焦糖香，讓孩子完全忘記了紅蘿蔔的土味，大快朵頤，開心極了，我女兒便是最佳代言人。

起士奶油軟貝果則是特別做給長者的產品，希望解決長輩想吃貝果卻因為坊間貝果太有韌性而無法咀嚼的難題，透過提高麵團含水量以及日本的燙麵技巧，讓整顆麵包口感像帶水的軟潤膠囊，軟嫩Q彈卻不會過韌讓牙口太費力，一般來說長輩喜歡吃鹹食，堂本的鹹乳酪麵包一直很受歡迎，我便延伸鹹乳酪麵包的風味，在貝果內餡裡放入起士片、奶油乳酪與鮮奶油，讓內外結合有種鮮嫩多汁感，一改大眾對貝果乾癟的印象。

在烘烤前還會鋪上滿滿的乳酪絲，幫剛出爐的貝果穿上一層薄脆外衣，帶出口感層次，整個麵包的設定也很符合我想替客人把餡料都夾好的心意，結果這款長輩麵包我爸媽似乎有感應，在堂本的所有品項裡，他們特別捧場這一味。

結束前再跟大家分享奶油起司軟貝果的秘密武器，就像炒菜會加柴魚高湯，我也在配方裡加入了30％的可爾必思濃縮液，可爾必思就像麵包裡的類高湯，可以增添風味，也可以緩解起司裡的油膩感，讓味道平衡耐吃。

麵包裡有高湯，是這款麵包想要帶給大家的禮物，bon appetit！

製作份量	8 顆；60g／1 顆	
材料	百分比	重量 (g)
高筋麵粉	100%	255
法國老麵	10%	26
（作法見 P19）		
燙麵 *	6%	15
糖	6%	15
鹽	1.2%	3
奶油乳酪	8%	20
可爾必思濃縮液	30%	77
水	35%	89
新鮮酵母	1.2%	3
總和	197.4%	503

* 燙麵是以麵粉與沸騰的水＝1:1，攪拌均勻至沒有顆粒，冷藏隔夜，大量製作可放一個月。

貝果內餡（依實際需求調整製作份量）	
材料	重量 (g)
起司片	25
奶油乳酪	70
糖粉	5
鮮奶油	5

製作內餡

起司片先用調理機打碎或以刀切碎，加入其他材料拌勻即可。

冷藏可存放 3-5 天。

攪拌麵團

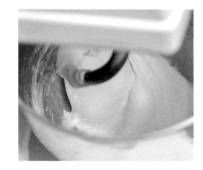

1

將所有材料混合（酵母除外）放入攪拌機中，以中慢速模式攪拌均勻。

可爾必思有獨特的酸味可增加風味。

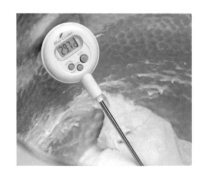

2

攪拌到麵團表面光滑有筋性，7-8 分筋，溫度 25℃以內。

Point

攪拌後麵團溫度如果太高，可攤平噴水降溫（因此時酵母尚未加入，對於麵團溫度影響不大，使用後下酵母的方式。）

發酵

After

Before

以這個方法，看量杯刻度即可方便確認已發酵至0.5倍。

發酵0.5-1倍口感最好，因為是製作貝果的關係，麵團不宜太蓬鬆，至多1倍。

4

取一小塊麵團放進量杯，等待發酵；其餘麵團收圓，蓋布發酵30分鐘（或發至0.5倍）。

3

麵團到合適的溫度後（約23-24℃）加入酵母，攪拌至看不見酵母的顆粒（此時麵團溫度約為25℃）。

Point

◆ 因為貝果的麵團比較乾，可以噴一點水幫助酵母溶解。水不宜過多，不然貝果的口感會太軟。

◆ 若酵母不散，可把麵團撕成小塊，再攪打。

麵團整形、鬆弛

5

發酵完成後，將麵團先切成長條，再分割成60克一個。

6

把麵團壓平。

7
翻面。

8
從上往下折三
分之一。

9
再折三分之一。

10
用大拇指往上
推成長條狀。

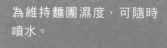
為維持麵團濕度,可隨時
噴水。

11
中間蓋布發酵
鬆弛20分鐘。

擀開、包入餡料 --------------------

12
將麵團擀成牛
舌餅狀,轉90
度,上下擀開。

捲成貝果型

13
包入內餡（20
克）。

16
擀麵棍將頭端
擀開、壓平。

Point
餡料不可擠到邊邊，煮貝
果時內餡會溢出。

NG

17
壓平處沾水。

14
由上往下折至
五分之四處，
包起餡料。

18
底線朝上繞圈。

15
捲起呈棍子
狀，以食指收
口壓緊，滾動
成條。

19
捏緊成圓圈狀。

20
把尾端收進去
成一個完整的
圓,把底線向
圓心收起。

21
中指穿過圓心
滾動。

若是貝果太乾,可於製作
前噴水。

22
捲好的麵團進行
發酵。如果家裡
沒有發酵箱,可
將麵團噴點水後
放進保麗龍盒,
蓋上蓋子,約
經過40分鐘檢
查一下發酵狀
態(如果麵團太
乾可再噴水),
最後發酵膨脹程
度約0.7-0.9倍
(一小時左右,
不用水煮)。

Point

◆ 因為這個麵團不需要再
煮過,後發酵的狀態建
議在0.7-0.9倍,不宜
發酵太大,比一般甜麵
團發酵時間短。

◆ 因為每個家裡的環境條
件很難穩定,若以放保
麗龍盒(或塑膠盒)的方
式發酵,重點要隨時注
意不要讓麵團吹到風,
維持密閉的環境才能保
持發酵溫度。

◆ 最後還是要以麵團發酵
的實際狀態作為判斷標
準:理想的發酵程度,
麵團表面摸起來的濕潤
度,應與剛打好的麵團
狀態相同;麵團不會過
軟,仍能維持圓形。

◆ 如果使用發酵箱,建
議設定發酵溫度約35-
38℃/濕度80-85℃。

23
在表面塗麵糊水。

24
將表面均勻沾上乳酪絲。

Point

◆ 這邊以麵糊水取代蛋液做為黏著，不吃蛋者即可食。

◆ 麵糊水＝麵粉1：水2，調勻至濃稠狀，即可做為乳酪絲的黏著物。

25
以上火200-225℃，下火180℃，烘烤約10-15分鐘即可。

阿洸小提醒

前面有提過，可爾必思濃縮液可以增添酸味並讓乳酪的厚重感輕盈，真的是這樣嗎？聽阿洸師傅說不準，有機會請一定要去實驗差別，若想試做無可爾必思版本，只要把配方裡的可爾必思換成水即可，對了，濃縮液記得去食品材料行買，便利商品賣的是可直接飲用的稀釋版，加了效果不大，但若手中真的只有便利商店版，只好增加比例，把原來35%的水也換成可爾必思試試。

起士奶油軟貝果

1 用力壓且能快速回彈

貝果在歷史上出現四百多年,比起一般麵包擁有更好的彈性,下壓後要能回彈如初,若沒辦法回彈而呈凹陷狀,代表貝果可能沒烤熟。

阿洸師傅帶你
品麵包

2 帶有紮實感,不要太蓬鬆

貝果的發酵程度通常不會太高,約發酵0.5到1倍,意思是麵團裡不會產生太多的二氧化碳,吃來口感紮實,吃一顆就很有飽足感。

3

組織密實，孔洞不明顯

有一些貝果的做法是不太發酵，鬆弛分割完便直接整形後發，這攸關每個製作者想呈現的風味口感，也因為發酵程度少，切面組織會較一般的麵包來得密實無孔洞。

4

品嚐麵粉香或發酵香

發酵時間長，口感會軟一點，想表現的是慢燉的融合滋味；發酵時間短，口感會彈性有咬勁，保留食材原味。吃貝果時，可仔細品嚐，這次製作者要呈現的是麵粉香還是材料融合後的發酵香。

起士奶油軟貝果

阿洸的風味搭配學

1 讓白花椰菜濃湯來加分

白花椰菜是一款沒有威脅感的蔬菜,做成濃湯時,淡淡的厚實感很適合跟著起士一起享用,就像紅花綠葉,兩個都加分。可以把貝果掰成小塊,沾著花椰菜濃湯,會有意想不到的好效果。

2 加上燻鮭魚,增加華麗感

常看到貝果裡夾上燻鮭魚,而燻鮭魚又適合白乳酪,因此這款貝果當然可以這樣搭!把起士奶油軟貝果剖半夾上燻鮭魚,可以增加另一種軟綿咬勁與鮭魚風味,同時增加整體麵包的華麗感。

3 夾著元本山海苔與明太子醬也很好

這款麵包跟有醬油風味的海苔根本是絕配!無論是一口海苔一口麵包,還是剖半夾上海苔,全都好吃到不行。餡料裡的鹹香與一點點甜,抹上微辣的明太子醬也很適合,絕對會讓你今天吃完隔天還想要。

4 想來杯飲料嗎?重發酵茶是好選擇

起士雖是西方來的,不過我覺得這款貝果跟咖啡比較不屬同一類,應該要中西融合,來點台灣茶。從紅茶、紅水烏龍到東方美人等重發酵茶都適合,搭配起來會帶有奶味,在口中轉化成奶茶感,很有意思。

讓百花椰菜濃湯
來加合！

鹽可頌

擁有所有人類的渴望：
澱粉、油脂、甜、鹹、酥、香；
不過時效很短，當天品嚐最完美。

6.

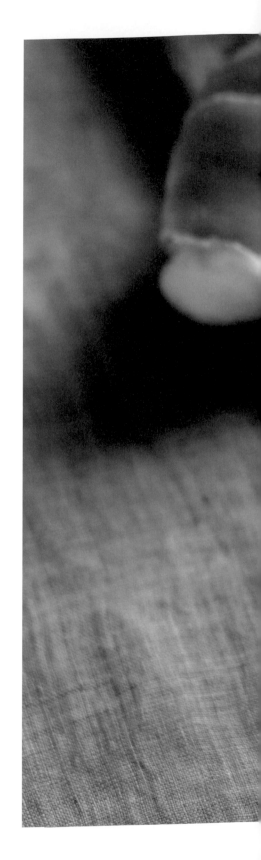

 鹽可頌

「有些商品風味飽滿，一顆就滿足；有些則要讓人不知不覺，一顆接著一顆。就像電影院裡的爆米花，不需超級美味，但必定要能做到神不知鬼不覺的『自在感』。」

2016年台灣吹起了鹽可頌風潮，它有甜有鹹有油脂有奶香有焦糖有澱粉香，集結了人體所有基礎生理慾望的總和，為了不讓客人失望，我也開賣了。

好面子的我，想著絕不能讓老客人吃到別間後覺得比較好吃，自戀的阿洸師傅只能接受「吃來吃去還是你們家最好」這個答案。

但我又不是天才，怎麼可能隨便做就好吃，我先畫靶再射箭，設定出「地表最強」鹽可頌的目標後，逼迫自己發奮圖強，認真研究。

我先試驗出一個在麵團裡放入奶油條，讓人意猶未盡的配方，奶油不能不夠，不能剛剛好，而是要讓人吃完後還想要「再來一顆」的最佳比例。

這是我設計商品的重要邏輯，有些商品風味飽滿，一顆就滿足；有些則要讓人不知不覺，一顆接著一顆。就像電影院裡的爆米花，不需超級美味，但必定要能做到神不知鬼不覺的「自在感」，讓人一邊看電影一邊不小心的完食。

我對鹽可頌的期待便是如此，小小一顆，很容易吃光，但絕不能一

顆就滿足，它得是個勾引，不停地對著你招手。不過坊間食譜千篇一律，我得不斷的調整配方，也希望可以用一點點的酸味來平衡奶油的油膩感，陸續試了果汁、紅酒、優酪乳後，最後一直用到可爾必思才感覺對了。

如同前一篇奶油起士軟貝果所言，可爾必思是麵包裡的類高湯，不但可以帶出整體的風味層次，內含的酸味也能中和掉奶油的油膩感，唯一需要留意的是，鹽可頌的最佳賞味期很短，大部分麵包放到隔天回烤後差異不會太大（有些經過後熟，以及把表皮水氣烤掉後甚至會更美味），不過鹽可頌的最佳賞味期是當天，就像法餐裡的桌邊服務，得在短時間內迅速吃掉，才能品嚐最美的瞬間。

它最引人食慾的，便在於裡頭的奶油微微流出，和底部麵團一同加熱後，帶著烤炸後的酥脆感，配著表皮的酥鬆，一脆一酥，加上鹹味與奶油的油脂，說著說著，就想來一顆了。

地表最強鹽可頌未必是史上最美味的，好吃與否見仁見智，但我想做的是地表「最自然」的麵包，自然到讓消費者不小心就吃完一顆，立刻決定把減肥拋諸腦後，再來一顆。

雖然它是個美味期短的麵包，但若真的吃不完放冷凍，保存後回烤，仍舊可以維持一定的狀態，在配方裡，我以海藻糖與可爾必思盡量延緩它的老化，如果當天出爐是100分，隔天可能會降到80分或70分，當天吃完最好，但這本書我們強調實驗精神，或許，你也可以嚐嚐第二天跟第三天的風味。

製作份量	約 10 個；50g／1 個
發酵完尺寸	長約12cm × 寬5cm
	（捲完的可頌有七圈，長度會依每個人捲的手法稍有落差）
出爐尺寸	長約13cm × 寬6cm

材料

A	百分比	重量（g）
山茶花麵粉	60%	155
低筋麵粉	40%	103
法國老麵	16%	41
（作法見P19）		
糖	0.8%	2
鹽	1.2%	3
海藻糖	2%	5
可爾必思	28%	72
水 1	44%	114
奶油	4%	10
B		
低糖乾酵母	1.2%	3
水 2	6%	15
總和	203.2%	523

攪拌麵團

1
將材料 **A** 全部放入鋼盆。

◆ 因為希望油脂、水分跟所有原物料做充分的結合乳化，以往做法會把奶油分開放，但經實驗後，奶油一起加入，對於麵團的柔軟度會更好。

◆ 配方中使用的是濃縮的可爾必思，材料行可買到，為了風味，要選業務用濃縮版本。

2
開始攪打，攪拌至離缸。

打到離缸測量溫度，若溫度太高可先降溫，若溫度適合就可以直接加酵母。

Point

若麵團溫度太高，
該怎麼辦？

若麵團打的溫度太高至29℃。

此時因為還沒有加酵母，對麵團沒有影響；可將麵團攤開、表面噴水，讓表面濕潤即可。

放入冷凍快速降溫，大約3-4分鐘。（水分可傳導溫度，讓溫度更快降下來。）

讓麵團溫度降低到23℃或24℃就可以再繼續攪拌。

3
乾酵母與材料 **B** 中的水2拌勻溶解。

4
把酵母加入麵團裡後繼續攪拌。

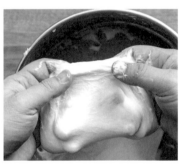

5
攪拌至7分筋，這時麵團拉開呈略厚的薄膜。

發酵

6
取一小塊麵團放進量杯，等待發酵。其餘麵團收圓、蓋布發酵至1倍。

7

剩下的麵團放入缸盆，與量杯一起放進發酵箱，發酵1-1.5小時。如果烤箱有發酵功能，大約設定在30℃。

—— 以這個方法，看量杯刻度即可方便確認已發酵至1倍。

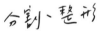 分割、整形 ---------------------------------

8

麵團發酵完成後，分切成長條狀，再等份分割成50克一球。

> **Point**
> 分割時要保持表面平整，這樣才能好好發酵包住二氧化碳。

9

將分切好的小塊麵團壓平。

10

翻面對折。

11

折口朝下，搓成長條型，放到烤盤。

鬆弛、刷上奶油 -----------------------------

12

稍微噴一點水。

13
蓋布鬆弛10-15
分鐘。

14
同時間融化奶
油（份量外），
在表皮刷上
奶油，冷藏
10-20分鐘。

◆ 冷藏能讓麵團更定型，
　同時讓奶油凝固，比較
　不容易被麵團吸收掉。
◆ 厚厚的刷兩次，擀開的時
　候才會有層次，鹽可頌烤
　的時候外觀才會分層。

阿洸小提醒

在堂本麵包，因為上架時間與人
員設備的考量，因此使用隔夜冷
藏的方式，當麵團做到這個步驟
（刷完奶油），就會放進冷凍，讓
麵團與酵母停止動作，下班前再
將麵團移到冷藏（5-7℃）退冰
鬆弛到隔天，再進行往下的製作
過程。

這個方式不會影響麵團質地，一
樣能得到品質相當好的麵包。
（但冷凍時間盡量不要超過三天，
因為配方中使用的不是耐凍酵
母，冷凍時間太長酵母會陣亡。）

如果在家中製作時，剛好遇到
時間不夠的狀況，也可以採用
這個做法，隔天再完成麵包的
製作。麵團從冷凍的狀態退至
冷藏解凍，約需要6-8小時，
可依想要繼續製作的時間往前
回推解凍時間。

擀捲成可頌型

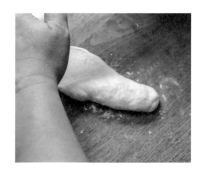

15
將麵團壓平成
長條狀。

16
先擀左上。

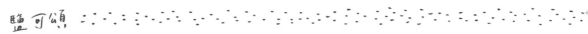

17
再擀右上。

18
形狀似大象。

19
沿著長條邊由
上往下擀,邊
拉邊擀。

盡量拉長,可以捲的圈數會
多一點,捲越多圈會越漂亮。

20
放入奶油條
(5g有鹽艾許
奶油,份量
外),由上往下
捲起,一面捲
一面拉。

包入5g的奶油是長久試驗
出來的份量,4g太少、6g
剛好,而5g則藏著意猶未
盡的小心機,讓人吃完還想
再來一個。

Point
製作奶油條

◆ 奶油放室溫軟化,用擠
   花袋擠成長條,5公克
   一個,冷藏備用。

◆ 沒用完的奶油條放冰箱
   冷藏可放一個月以上,
   如此可方便不用秤重,
   直接使用。

後發酵、烘烤

21
放置烤盤上，最後發酵至少一個小時，放置室溫或在約28℃的環境（過高溫度奶油會融化）。發酵到手指按下去有壓印，不會彈起為止，發到約0.8倍，撒上鹽之花。

麵團發酵的濕度很重要，水要隨時噴，或以蓋子蓋上，維持麵團剛打好的濕潤度，就是可以發酵的濕度條件。

22
放進烤箱，上火210-230℃，下火160-170℃，烘烤約12-13分鐘。

Point

◆ 通常烤到時間過半（約6-7分鐘），麵團應該已微微上色，如果此時麵團還很白，可能表示烤箱溫度不夠，可先調高20℃；繼續烤至8-9分鐘時，如果發現麵包底部顏色太深，可多墊一層烤盤，並關掉底火。

◆ 建議整體烘烤時間控制在13分鐘，如果烘烤時間超過13分鐘，水分會喪失更多，麵包容易乾硬化。

23
靜置冷卻，可頌當天吃完風味最佳，隔夜則需回烤保持口感。

鹽可頌

1
底部的顏色
可稍微烤深一點

烤深一點會特別香,但切記不要烤焦,不然會反苦,甜味跟香氣也會消失,可測試一下家中烤箱,找到適合的下火。

阿洸師傅帶你
品麵包

2
不要太在意表面紋路

表面紋路的數量攸關手感與經驗值,雖然會左右外觀,但對風味的影響不大,還是一顆好吃的鹽可頌!只要帶著一生懸命的心,持續練習,就有機會做出漂亮的可頌。

3 觀察是否發酵不足

雖然食譜建議後發酵到0.8倍，但實際大小會跟整形手法有關（整成瘦長形或扁圓形），每個人的整形狀況不同，很難直接給出一個數值，不過有個觀察點，若出爐當天內裡吃來口感偏硬，且呈現老化狀態時，可能代表發酵程度不足，下次可以再讓它膨脹大一點。

4 以紙板尺寸來記錄發酵狀況

每一次都記錄後發酵的膨脹，找到最適合的大小後，不妨用紙板把尺寸給挖下來，方便日後對照，鮮奶核桃的後發記錄我也是這麼做的，以後就會知道發酵到什麼樣的大小、高度，讓發酵不再神秘。

日常食
DAILY

阿洸的
風味搭配學

1 法式蒜香烤田螺

可以買食材店裡的田螺罐頭，加上堂本的巴西利奶油醬（見本書P162），一起入烤箱烘烤後，搭著鹽可頌，簡單就能做出一道看似厲害的前菜小食，有種自己很會做菜的錯覺，而且搭起來非常美味。

2 香草冰淇淋

冰淇淋的涼感配上鹽可頌底部奶油煎過的酥脆度，一個豐盛的下午茶便完成！如果還想搭個飲料，帶有檸檬味的西西里冰咖啡很適合。

3 啤酒或蘋果氣泡酒

鹽可頌的酥脆有種油炸感，會很想搭配有氣泡的飲品，啤酒跟氣泡酒都是好選擇，其中我喜歡蘋果氣泡酒，香甜的蘋果味讓人好心情。

4 焙茶牛奶

鹽可頌適合搭配有厚度的飲品，冬天的話焙茶牛奶很適合，帶著醇厚度，味道卻又不會過於濃郁，和麵包的甜味剛好平衡。

法式蒜香烤田螺！

丹麥焦糖蔓越莓

覺得丹麥麵團的擀捲很難嗎？
這是一款讓你看不見失敗，老少咸宜的丹麥麵包。

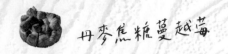

「**為什麼會好吃？因為他沒有麵包師傅的慣性，
而是以想做出美味麵包的健康心態，
把料理科學與風味的理解都用上，讓味道起承轉合。**」

它是一款浴火重生的麵包。

記得剛開始製作丹麥麵團時，常會有擀壞或發酵膨脹不理想的狀況，面對著一大堆的失敗品與切下來的邊邊，有點頭疼，又捨不得丟進垃圾桶裡，我想起了法國西北部布列塔尼省的經典甜點－Kouign Amann克林阿曼（法式焦糖奶油酥），便決定來試試。

據說克林阿曼的起源，是麵包師傅利用手邊剩餘的麵團隨機應變，以製作可頌的手法，揉進大量的糖與奶油，再烘烤出帶著厚實感與焦糖感的「另類」可頌。

我依樣畫葫蘆，拿起手邊不完美的丹麥麵團，挖掘多年飲食經驗裡，可以用上的食材，先把麵皮冷凍切丁，跟砂糖、泡過白葡萄酒的蔓越莓乾、檸檬皮拌勻，再放進撒了砂糖的模子裡烘烤，當溫度加熱時，砂糖會融化成如玻璃般的焦糖脆底，多種的材料混合物讓丹麥皮變得豐盛，整個過程簡單不複雜，推出後竟然受到歡迎，也

迎，也讓原本宣告失敗的麵團有了新生命。

隨著對麵包技術的熟稔，現在堂本的廚房裡自然沒有失敗麵團了，但我們仍保留著這款焦糖蔓越莓，每次做丹麥，都會專門打一塊皮去做這項商品，我想藉由這款麵包，跟喜歡homemade卻常擔心的新手朋友說，剛開始嘗試裹油類麵團時，會因為手感不足沒信心，做出一個不像牛角的牛角很厭世，這時，不妨停下來試試這個做法，不論你麵團擀得好不好，它都會給你甜美的回饋，讓你看不見失敗。

然後請繼續堅持，所有手做都需要經驗值，待累積更多的手感與信心後，便有機會可以做出請客也拿得出手的麵包來。

最會做麵包的，常不是麵包師傅，就像被我評定為全台最好吃的佛卡夏，便出自一位廚師朋友之手。他跟我學作法，卻烤出了連我自己都做不出的餘韻回甘，為什麼會好吃？因為他沒有麵包師傅的慣性，而是以想做出美味麵包的健康心態，把料理科學與風味的理解都用上，讓味道起承轉合。

所以，非專業真的是缺點嗎？把麵團擀壞又有什麼關係呢？

我們還有打氣聖品——丹麥焦糖蔓越莓。

丹麥焦糖蔓越莓

製作丹麥麵團

製作份量	約 9 個；100g／1 個
模具尺寸	直徑10cm×深度3cm

丹麥麵團

A

	百分比	重量（g）
高筋麵粉	60%	150
低筋麵粉	40%	100
糖	10%	25
鹽	1.6%	4
奶油	8%	20

B

牛奶	30%	75
全蛋	20%	1 顆
水	10%	25
法國老麵	6%	15

C

新鮮酵母	3%	8

總和	188.6%	472

D

裹入用奶油（準備要製作前再從冷藏取出）	118

E

蔓越莓（泡過白葡萄酒）	156
二砂	132
檸檬汁	14
肉桂粉	1.5
丹麥麵團	590

（製作過程中因每個人的材料損耗可能不同，最後完成的麵團份量也可能有差距）

1
將材料 **A** 混合攪拌成砂礫狀。讓奶油均勻包裹麵粉。

2
加入材料 **B**，攪拌到不黏手、麵團表面還有粗糙紋路，即可加入酵母。

3
繼續攪拌到酵母溶解吸收，即可取出麵團。

Point
攪拌時可噴少許水，使酵母容易吸收。

4

將麵團收圓，此時表面有不太平整的狀態，約7分筋。

5

麵團割十字。

6

從中間往四周攤平，簡單整形。

7

包上保鮮膜。

8

放入冰箱冷藏鬆弛約12小時。

擀出薄片奶油 ------

9

撒粉在防黏布上，放上 **D** 奶油118克。

10

蓋上防黏布。

11

輕輕將奶油敲平，會黏就撒一點粉。

12

輕敲至1公分厚。

13
奶油配合麵團
大小稍微整成
四方形。

這邊使用的奶油,是在製作
前才從冷藏取出敲打,奶油
經過敲打後,包入麵團時,
延展性會比較好。如果是先
把奶油敲打好再冰冷藏,那
麼取出時奶油片還是硬的,
沒有延展效果,包入麵團擀
開後容易斷裂。

麵團包入奶油片 ----------------------------

14
取出隔夜發酵
的麵團,此時
麵團應發酵成1
倍大。

15
擀開至可包入
奶油大小,約2
倍大。

16
奶油擺放麵團
中間。

17
將麵團四邊朝
中間折疊。

18
像信封樣包覆
住、裹入奶油。

19
以壓米字形的
方法,讓麵團
跟奶油能平均
的結合分佈,
擀開時厚薄會
比較均勻。

20
上下慢慢壓開。

23
再往上折1/3。

第一次三折一 ⋯⋯⋯⋯⋯⋯⋯

21
旋轉90度，左右擀長。

24
撒粉。

22
將厚度擀到0.3-0.4公分，將麵團往下折1/3。

25
把左右兩邊折的地方割開，變成三片。

將麵團割開可讓拉力減弱，就能減少麵團回縮，方便後續再做一次三折一。

Point
一面擀一面修正厚度，讓麵團盡量平整，厚度一致。

如果有氣泡，就以小刀輕戳。

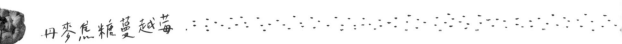
第二次三折一

26
在上方壓出米字壓痕,再壓出垂直壓痕。

27
慢慢擀開至0.3-0.5公分。

28
重複前一步驟,往下折1/3。

29
再往上折1/3。

30
把折的地方割開。

31
變成三片。

第三次三折一

32
包上保鮮膜,冷藏鬆弛約30分鐘。在鬆弛完成的麵團壓上米字。

33
再壓四邊。

34
壓出垂直壓痕。

35
慢慢擀開至
0.3-0.5公分。

36
重複前一步
驟，往上折
1/3。

37
再往下折1/3。

38
把折的地方割
開，變成三
片。包上保鮮
膜，冷藏鬆弛
約30分鐘。

擀開最後一次、冷凍定型

39
鬆弛完成，在
麵團上壓出米
字形。

40
再壓四邊。

41
慢慢壓開。

丹麥皮切丁、拌料

42
將麵團擀長。

46
把從冷凍庫取
出的丹麥皮（約
半冷凍狀態），
先切成1.5公分
寬長條。

43
厚度約0.3-0.4
公分。

47
再切成1公分立
方塊，約590
克。

44
擀開後，鬆弛
3-5分鐘，依照
需求分切，

48
蔓越莓、二
砂、檸檬汁、
肉桂粉混合（可
替換成任何喜
歡的配料，可
甜可鹹）。

45
進冷凍庫凍至
微硬、可切割
程度，約半小
時。

49
加入切丁後的
丹麥皮，結塊
就用手分開，
冷凍足夠會較
好分開。

50
讓每個切丁的
丹麥皮都能均
勻裹上。

入模烘烤

51
在模具底部均
勻撒入二砂,
約1小茶匙。

52
將丹麥皮放入
撒糖的模具
中。輕壓實,
讓底下不會有
空洞。約八分
滿。

如果手邊有矽膠模,盡量使
用矽膠模製作,取出時會更
容易。

53
靜置,發到與
模型一樣高即
可。

54
進烤箱。上火
180℃、下火
230℃,烤25
分鐘。

55
出爐後,放
涼,連模具放
進冷凍,讓底
部融化的焦糖
凝固即可取出。

丹麥焦糖蔓越莓

1

更換不同的果乾試試

除了蔓越莓,可以更換成任何想要的果乾,我試過好多種水果,不建議用橘子皮或檸檬皮,烤起來會非常堅韌,但若將表皮的綠果皮(或黃果皮)刮進材料裡,則是一個好作法。

阿洸師傅帶你
品麵包

2

烤出底部焦糖香

做這款麵包幾乎不會失敗,唯一的可能便是底部的焦糖,烤太淺少了香味,烤太深會帶出苦味,透過一次次的嘗試,調整好烤溫,即可烤出薄脆如玻璃的焦糖香。

3

做出自己的形狀來

研發此產品時,手上剛好有這款模子,便做出了如此的形狀,在家試做時,可使用手邊任何方便的模具或尺寸,不過圓形的較好脫模,以好脫模為首選。

4

偷偷說,吃冰的也很好

為方便脫模,烤後放涼,最後一個步驟會建議拿到冷凍庫裡,等到底部焦糖冷凍凝固後即可方便取出。除了可以讓麵包回溫後再食,冰冰的吃也很美味!像我自己就很愛吃冰的。

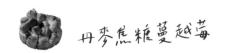

日常食
DAILY

阿洗的風味搭配學

1 烤鴨胸

在西方的飲食文化裡，烤鴨胸經常會沾著柳橙或莓果類的醬料一起品嚐，丹麥焦糖蔓越莓的果乾焦脆感，剛好適合。

2 紅酒燉牛肉

小時候吃夜市牛排，旁邊都會放上一個，酸酸甜甜的地瓜或紅蘿蔔，讓大家可以轉換味蕾，休息一下。把丹麥焦糖蔓越莓想像成是牛排旁的酸甜蔬菜，搭配著紅酒燉牛肉，也會有味蕾被轉換之感。

3 肉桂卡布奇諾

除了可以在奶泡上撒肉桂粉外，也可以把肉桂粉先放杯底，再倒入濃縮咖啡，如此肉桂風味會跟咖啡更融合，不過坊間的卡布多會把肉桂粉撒在奶泡上，可以跟店家要求或自己來做，淡淡的肉桂風味和丹麥焦糖蔓越莓很搭。

4 想要喝一杯嗎？來杯熱可可

丹麥焦糖蔓越莓的風味會被熱可可的油脂包覆，讓味道餘韻不會因為飲品很快的消逝，我喜歡麵包餘韻待在嘴裡的感覺。如果搭甜可可很好，選用有酸味的更佳。

來杯熱可可！

8.

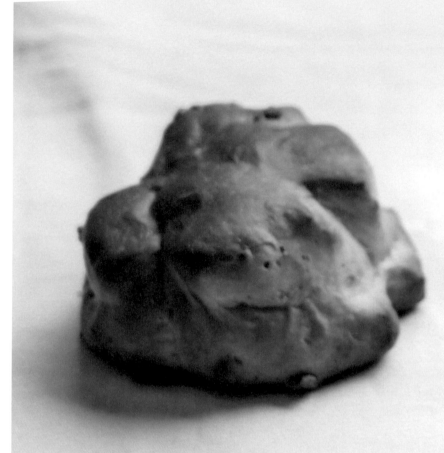

鮮奶核桃麵包

這款麵包的材料就是要用力的統它加下去，
放好放滿，讓每一口都能吃得到核桃粒與牛奶香。

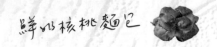

「**怎麼辦，沒有什麼神奇的故事，它就是一款樸實無華的基本款麵包，卻挹注了堂本麵包店很大的業績。**」

這是十幾年前，義華食品行的魏茂祥師傅教我做的，當時一吃便覺得很適合台灣人的味蕾，作法簡單又美味，十多年來，我沒有更動過配方，只是隨著時間的演進，選用更好的材料，當材料改變了，麵包吃起來的精緻感與飽滿度也會跟著變化，但這不是我的功勞，而是台灣整體麵包產業的提升，從合成奶油、天然奶油、發酵奶油到 AOC 認證奶油，還有麵粉、糖、巧克力等各種的原物料，材料進口商都提供了更優質多元的選擇及知識傳遞，即使麵包的型態不變，原料卻可以越換越好，消費者自然可以吃得更安心。

我一直很關注食材提升的議題，也跟進口商保持著良好關係，成本從來不是第一考量，記得有次去間知名餐廳用餐，主廚講到甜點時，特別說起他們都用很好的原料，使用法芙娜巧克力時，我忍不住在心裡嘀咕了一下：「做為一個在中部客單價1500元左右的餐廳，甜點用法芙娜巧克力不是應該的嗎？為什麼要特別提出來說。」我的麵包不到100元，用的也是這款巧克力。

我常開玩笑說自己是敗家子,用好食材的觀念已經深植我心,除非「吃不出來」,不然只要風味有差異,很難因為預算捨棄不用。鮮奶核桃麵包在魏師傅教我的時候已經非常美味,我隨著時代改變而提升原料,後來發現不少老客人吃蛋會過敏,也把雞蛋拿掉,補入更多的牛奶,讓它奶香味更濃郁。

整個配方沒有加入任何一滴水,全以牛奶完成,替換成海藻糖後,保濕性更好,阿公阿嬤都很喜歡,濃濃的奶香味會讓大家覺得很營養,咬到核桃時,與牛奶碰撞出來的香氣,非常適合作為日常麵包。

有些麵包可以很花俏、奇幻,這款麵包就是無敵日常的代表,選用好食材是應該的,沒什麼好說嘴,但要說什麼值得分享,便是它的造型了!後發酵前的垂直剪四刀、水平剪四刀,讓麵包呈現酢漿草的模樣,是我在日本學習到的,那時覺得樣子很可愛,便用在鮮奶核桃麵包上。

希望你也會喜歡這款酢漿草形狀的麵包,它一點也不傳奇或新穎,而是極度的日常,卻見證了台灣麵包產業的整體提昇,不過一直說它平凡也不好,那就說它是一顆有內涵的麵包吧。

鮮奶核桃麵包

攪拌麵團

材料		
製作份量	4 個；165g ／ 1 個	
發酵完尺寸	12cm	
出爐尺寸	13.5cm	

材料

A	百分比	重量 (g)
高筋麵粉	100%	302
奶粉	2%	6
糖	12%	36
鹽	1.6%	5
海藻糖	6%	18
牛奶	66%	199
法國老麵	10%	30
（作法見P19）		
奶油	8%	24
B		
新鮮酵母	2%	6
核桃	22%	66
總和	229.6%	692

1
把除了酵母、核桃以外的材料放入鋼盆中。

> **Point**
> 海藻糖是為了讓產品的保溼度更好，實驗起來「6%」是最適合的份量。

2
在攪拌機中攪拌到離缸。離缸後可測量麵團溫度。

3
麵團溫度到24-25℃時可加入酵母（若此時麵團溫度太高，可取出攤平、放冷藏降溫。）

> 若使用乾酵母可先用三倍的水溶解調開；在這個配方中用的是新鮮酵母，直接使用即可。

4
攪拌至拿起來
對折時,麵團
表面呈現光
滑,即代表產
生筋性。

5
加入核桃,讓
核桃與麵團攪
拌均勻。

6
離缸,用手將
麵團對折再對
折,折到核桃
均勻混入麵團
中。

發酵

7
取一小塊麵團
放進量杯,等
待發酵;其餘
麵團收圓、蓋
布發酵。以這
個方法,看量
杯刻度即可方
便確認已發酵
至0.5-2倍。

Point
發酵時間短,材料味濃;發
酵時間久,發酵味越重。
建議發酵不要超過2倍,
會太酸(因為這款材料中
有牛奶),且會影響後面的
發酵能力。

分割麵團

8
將麵團均等分
成4個,約165
克一個。

Point
分割時要保持麵團表面的
光滑完整性,如果有不完
整的小麵團,要包覆在麵
團下;麵團表面的光滑完
整可以維持、包裹住發酵
後的二氧化碳。

9

分割完的麵團
滾圓,可排氣
並喚醒酵母。

10

中間發酵鬆弛
15-25分鐘。

剪出造型

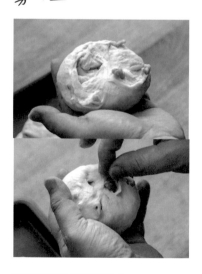

11

將麵團滾圓,
麵團底部捏緊
再收合。

在下一步驟剪時才不易鬆
開,也會比較立體。

12

於四周對稱位
置各剪一刀,
像一朵酢漿草;
垂直剪四刀,
水平剪四刀。

13

剪水平四刀，
麵包做起來會
比較立體。

這邊使用的紙板模型，是
堂本經過一次次試驗後，
得出的理想尺寸；每個人
都可依自己的製作經驗，
找出最喜歡的口感，做出
自己的比例尺，在往後的
麵包製作中，即可作為標
準尺使用。

後發酵 --------------------------

14

靜置於烤盤上，
發酵到手指按
壓不會彈起的
程度，或用紙板
測量到想要的體
積，後發酵約20
分鐘，可蓋塑膠
袋或布保濕。

15

以上火180℃，下火150℃，
烘烤約15分鐘，冷卻靜置即可。

阿洸師傅帶你
品麵包

1

不要有明顯的酸味

有的話就是發酵過度，牛奶多的麵團加上微微的發酵酸會容易覺得不美味，這款麵包的酵母量放得比較多，就是希望能在短時間內發酵完成，若有明顯的酸味，可以讓基本發酵時間再短一點。

2

切面紮實，沒有大氣孔

如果有大氣孔就是整形不良，氣沒有排出來。發酵時間短，切面咬起來會比較紮實，不過因為整個麵團都是用牛奶下去打的，不會過硬，帶著很好的柔軟度。

3

記得要烤熟

判斷這款麵團有沒有烤熟，最好的方式是看它吃完是否會黏牙、輕壓麵包後會不會回彈（有回彈表示烤熟），因麵團裡糖與奶油有一定的比例，麵團本身偏軟，我自己是喜歡烤色深一點的，吃表皮的焦香。

4

品嚐牛奶跟核桃香

麵包的發酵時間短，主要品嚐食材的風味，牛奶跟核桃的比例很足，在嘴巴咀嚼時，會一直散發出奶香，軟歐麵團即使在室溫久放也不會變硬。

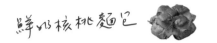
日常食
DAILY

阿洸的風味搭配學

1 切片烤過，搭杯黑咖啡

切片烘烤過後會有很濃郁的奶香，很適合當成早餐麵包，既然是早餐，怎麼可以不搭咖啡呢？不建議選擇果酸味的單品咖啡，堅果味的黑咖啡與拿鐵卡布都是好選擇。

2 米漿與客家擂茶都很可以

這款麵包很適合搭配烘烤過後的穀物飲品，米漿內有烤過的花生香，客家擂茶內則有多重穀物，兩者的堅果味與濃稠感，和鮮奶核桃麵包的厚實度與調性都能完美搭配。

3 冰牛奶＋早餐燕麥片

烤過切片後，濃濃的迷人奶味散出，配著撒上早餐燕麥片的冰牛奶一起品嚐，營養與飽足都滿點。

4 想要喝一杯清爽的嗎？來杯蘋果汁吧！

前面講的都是口感稍微厚實的風味飲品，想要來點清爽感，那就來試試蘋果汁吧！蘋果和牛奶在味道的組合上可以成立，它會讓兩者往彼此靠攏，蘋果濃郁些，牛奶清爽些，替這款麵包增加一點輕盈花果香。

搭杯堅果風味
黑咖啡！

9.

法國百葡萄麵包

這是我對天然酵母風味匡求的起點，
也是我們店內自養酵母「小白」的扛鼎之作。

法國白葡萄麵包

「從失敗、普通到喜歡，從來不是大躍進，
而是慢慢感受，知道一切是怎麼來，便永遠不會忘記。」

十幾年前，台灣多還在使用商業酵母時，我在東京澀谷第一次品嚐
到甲田幹夫師傅的天然酵母麵包，一吃便愛上。那時我已在台灣使
用天然酵母，原以為自己做得很好，去到日本才發現只是人家的皮
毛，當時眼界不夠，坐井觀天，把味道處理得單薄，相反地，甲田
幹夫師傅的麵包風味厚實，還帶有不同層次的酸味與小麥香，我好
納悶，明明配方大同小異，為什麼做出來會有這麼大的差異？

後來發現，這很像騎腳踏車，練習得越多，騎得越穩，也像我常玩
的音響，當調整、注意的細節越多，聲音的質地與立體感就越好。

甲田幹夫師傅的長棍與吐司，有天然酵母、白葡萄乾兩種不同層次
的酸，還有濃郁的麵粉麥香，我便想著，有天我也要做出一款簡單
又饒富韻味的麵包來！

回國後便不斷嘗試，做得不好就改變變因，每次都只修正一點
點，去記錄差異性，有時溫度調個一、兩度，比例差個幾克，多
加點核桃，少放點葡萄乾，慢慢微調，仔細感受成品變化，從失
敗、普通到喜歡，從來不是大躍進，而是慢慢感受，知道一切是

怎麼來，便永遠不會忘記。

經過不斷嘗試，堂本版的法國白葡萄麵包終於問世！我用法國老麵
與白葡萄乾呈現兩種不同層次的酸味，並添入少量的蜂蜜，做酸甜
比之間的平衡，且因為受到甲田幹夫師傅的啟發，希望能用長一點
的時間進行基本發酵，特別將麵團膨脹發酵到1.5倍，讓整顆麵包
產生出力道感，希望讓客人吃得到發酵的味道，而不僅僅是食材的
味道。

就像之前說的騎腳踏車，把一件事做好的秘訣便是：忘記時間，當
你忘情的追求一個目標，不斷練習，有天會發現自己怎麼可以騎得
又快又穩，甚至還能放手騎吹口哨時，風格與自信便養成。

不管是之後陸續推出的蜂蜜蛋糕、馬卡龍、吐司、貝果等熱門品
項……我都帶著這份不怕嘗試，沒有包袱，就是要把好吃味道做出
來的傻勁，陸續推出。

時光荏苒，法國白葡萄麵包裡頭的自養酵母「小白」跟了我十多
年，養出了我喜歡的風味與熟悉感，現在的堂本，大部分的麵包都
有加入小白增添麵團的發酵深度。

這是我想給予大家的堂本流，也是我和老客人間的風味默契。

---

*甲田幹夫師傅為東京澀谷，天然酵母麵包老舖Levain店主，為日本製作天然酵母麵包職
人，其作品深受不少老饕喜愛，本人卻低調質樸，保持初心。

製作份量	2 條；300g／1 條
發酵完尺寸	長38cm×寬5cm
出爐尺寸	長38cm×寬6cm

材料

A	百分比	重量(g)
T65 麵粉	96%	228
裸麥粉	4%	9
胚芽粉	4%	9
全麥老麵	36%	85
（作法見P19）		
自家培養酵母	10%	24
（作法見P20）		
鹽	2.4%	6
蜂蜜	6%	14
水	60%	142
B		
新鮮酵母	3%	7
C		
核桃	16%	38
白葡萄乾	28%	66
總和	265.4%	628

攪拌麵團

1

材料 **A** 置於攪拌缸中。

2

放入麵包機中攪拌至光滑，測溫為22-23℃。

Point

◆ 如果此時麵團溫度高於25℃，可取出攤平，放冷凍降溫至22-23℃。

◆ 還折不出亮面就表示還沒好。

NG

3

繼續加入酵母與材料 **C** 混合均勻。

4

取出麵團，因材料中有裸麥粉會稍微黏手，但可折出光滑面即為攪拌完成，麵團終溫25℃。

靜置發酵

5

靜置。

6

靜置至基本發酵1倍大。

Point

觀察發酵狀態時，也可取一點麵團放在量杯裡，待量杯裡的麵團長大到1倍大的程度時，麵團即發酵完成。

分割整形

7

分割麵團成300克一個，靜置鬆弛15-20分鐘。

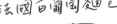

8

輕壓排氣。

10

再由下方往上
折1/3。

Point

輕拍時，只要讓麵團空氣
排出，不要過於用力將麵
團壓扁。

NG

11

對折。

9

翻過來讓平整
光滑面朝下，
從上方往中間
折1/3。

12

以掌心按壓接
合處使其密合。

13

滾成長條狀
（依個人喜
好，約20公
分長）。

14
放到烤盤,從
中間劃開一刀。

二次發酵、烘烤

15
蓋上烘焙紙保
濕,進行第二
次發酵。

16
最後發酵至0.8
倍(約30-50
分鐘)後,撒上
手粉。

17
進烤箱,用上
火220℃,下
火200℃,烘
烤約18分鐘即
完成。

阿洗小提醒

影響風味的重要關鍵

第一次的麵團發酵(步驟**6**)是
影響風味的重要關鍵,想試試
不同風味的白葡萄麵包嗎?可
以這次讓它發酵1倍大、下次試
試1.2倍,再來實驗1.5倍,發
酵的時間越長,酸味與厚實度
會越重。

若發酵到1.5倍酸味太強時,則
可減少發酵時間,透過不斷的
實踐與觀察,慢慢找出喜歡的
味道,而發酵,也正是麵包風
味裡最迷人的事。

我喜歡強烈一點的酸,通常會發
酵到1.5倍,你也可以試試喔。

法國白葡萄麵包

氣孔分布均勻

看一個麵包發酵得好不好要看它的切面組織，中間的氣孔有沒有分布均勻，能不能保留住足夠的二氧化碳讓口感蓬鬆柔軟，而非像饅頭一樣地紮實。

1

阿洸師傅帶你品麵包

2

不放改良劑，隔天仍有很好的保濕性

做這款麵包最難的部分，因為歐包雜糧的材料裡沒有奶油，在不放改良劑的狀態下，澱粉容易老化，風味會變差，但若放入了高比例的全麥老麵與自家培養酵母，隔天都還是可以保有很好的保濕性與風味。

3

品發酵麥香

除了發酵的酸味，這款麵包另一個風味重點是，以全麥麵粉做法國老麵，因此還會有很好的發酵麥香。

4

小白萬歲！來試試自養酵母

小白本身很有力道，在材料的香氣裡可以找到平衡，不搶戲，卻是很幽微的存在。每個人都可以試著養自己的天然酵母，家中環境不同，菌相不同，風味自然有差異。

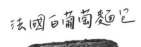
法國白葡萄麵包

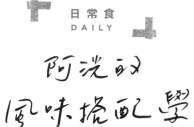
阿洸的
風味搭配學

1 當三明治麵包，夾味道濃郁的餡料

這款麵包有豐沛的酸味－發酵酸與白葡萄酸，除了單吃外，也很適合拿來當三明治麵包，夾味道濃郁的餡料，比如鮪魚、鵝肝、燻雞肉等，配上有滋味的蔬菜，像芝麻葉，就會非常美味。

2 跟著藍紋起司 Blue Cheese 一起享用

法國白葡萄麵包屬於酸種麵包，有很重的發酵香，除了搭味道濃郁的餡料外，抹上豐厚味道的起司也非常適合，提到濃郁滋味，藍紋起司當然不能放過，不過這款起司很挑人吃，所以選自己喜歡的都可以，不過切記重點，選味道重一點的，如此更能與發酵酸、葡萄酸相得益彰。

3 邪惡吃法！抹奶油塗砂糖

切薄薄的一片，抹上奶油、撒上二砂，把麵包烤得脆脆的，吃來香脆酸甜，非常迷人，絕對讓你想要立馬再吃一片。

4 想喝杯咖啡嗎？選杯中南美洲帶堅果的風味

麵包本身的酸質很夠，不用再搭配如衣索比亞、肯亞等帶果酸的咖啡，此時選用中南美洲富堅果味，甚至是印尼帶點草本味的咖啡都很不錯，給味蕾新的感覺。

夾味道濃郁的餡料！

10.

無花果麵包

如何讓歐式麵包成為台灣人的日常？
加點我們愛吃的蜜餞吧！

無花果麵包

「這無關正統與否，我就是想要偷渡歐包到大家的日常生活裡，讓裸麥麵包能融合果乾、果醬、果汁、香料，整體豐沛飽滿，買回去不用再另外抹奶油或與其他的材料搭配，吃來就能有滋有味。」

2010年前，歐包在台灣還不流行，我們的飲食習慣不像西方人，會在麵包上塗抹奶油、果醬，或佐搭酸黃瓜、芥末醬等配料。台灣人習慣吃夾餡軟麵包，一顆麵包就要擁有飽滿完整的風味，歐包對當時的台灣人來說，太硬太原味。

不過，我是個假洋鬼子，一直都很喜歡嘗試新事物，2003年第一次在日本吃到Levain麵包店，甲田幹夫師傅做的歐包，便讓我心動不已，真切感受到天然酵母的迷人發酵味，也是因為吃到Levain的麵包，我開始更努力的鑽研自養酵母這條路，催生出堂本的當家酵母「小白」，並製作出法國白葡萄麵包。

直到現在，甲田幹夫師傅都還是我努力追尋的方向。回到台灣當時的時空背景，市場上少有歐包，我便想著，該如何做出好吃的歐包，讓它走入台灣人的生活日常？靈機一動，想起了蜜餞。

台灣人愛蜜餞，尤其到台南老街走一趟，台南是個對吃講究的城市，老街內有多間蜜餞專賣店，我順著此邏輯，想到歐洲的糖漬水果，糖漬水果的酸甜感和台灣蜜餞異曲同工，但水果這麼多，要挑哪一種？

無花果在當時的台灣很少見，我對它的印象是2003年在一間法國餐廳裡，主廚用了無花果、柳橙與紅酒，做了一款鴨胸，當下一吃，便覺得無花果跟柳橙的搭配超級無敵，於是把這個組合給記了下來。

有一年到日本，在米其林三星主廚Alain Ducasse的餐廳裡，吃到夾著鴨肝與沙拉的無花果裸麥三明治，驚艷於無花果配上酸麵包、芝麻葉、鴨肝的風味實在太好，剛好是離日前的最後一餐，為那趟日本行劃下了完美句點。

我結合生活裡的飲食經驗，用了無花果，也放入了紅酒跟柳橙，柳橙的酸上揚，想要一點沉的酸味，便放入蔓越莓乾，又想增加點醇厚感，便添了點葡萄乾，之後覺得還需要一些香料隱味，便再放入黑胡椒跟肉桂粉。

我笑著跟同事說，這無關正統與否，我就是想要偷渡歐包到大家的日常生活裡，讓裸麥麵包能融合果乾、果醬、果汁、香料，整體豐沛飽滿，買回去不用再另外抹奶油或與其他的材料搭配，吃來就能有滋有味。

結果這款麵包推出後，好多人都跟我說，原來歐包可以這麼好吃！

時代變遷，台灣人多已經能夠接受歐包了，這是2009年研發的配方，某天朋友問我：「現在的你，如果要再重新設計一次這款麵包，覺得還可以怎麼提升？」我說：「我會把所有的味道都煮進無花果醬裡，讓你吃得到卻什麼都看不到。」

堂本版的無花果麵包已經陪著大家十多年，我不會隨意更動配方，但歡迎你也來試試自己的版本。

無花果麵包

製作份量	5 條；125g ／ 1 條
發酵完尺寸	長 28cm × 寬 3.5cm
製作份量	長 28cm × 寬 4cm

材料

A	百分比	重量（g）
T65 麵粉	76%	166
裸麥粉	24%	52
麥芽精	0.4%	1
橘子皮泥 *	2%	4
全麥老麵	44%	96
（作法見 P19）		
自家培養酵母	10%	22
（作法見 P20）		
鹽	2%	4
水	60%	131
B		
新鮮酵母	2%	4
C		
無花果醬 *	28%	61
核桃	30%	65
葡萄乾	6%	13
蔓越莓乾	16%	35
總和	300.4%	654

橘子皮泥 *	
食材	重量（g）
市售橘子皮	100
柳橙汁	10
檸檬汁	1
黑胡椒	1 茶匙

製作橘子皮泥

將所有材料拌勻，煮至收乾。
稍微放涼，放入調理機打碎成泥狀即可。

無花果醬 *	
食材	重量（g）
無花果乾	48
細砂糖	2
肉桂粉	1
檸檬汁	2
紅酒	20

製作無花果醬

無花果乾切碎，加入其他材料，以大火煮
至收乾即可。

攪拌麵團

1
材料 **A** 混合拌勻。

此時因為還沒下果乾，麵團感覺乾燥是正常的。

有加裸麥的麵團會比較粗糙，此時麵團仍未完成，需要繼續攪打。

2
加入酵母。

加入酵母時，溫度為完成終溫減2度（22℃）。

3
攪拌至表面成光滑狀。

Point
麵團在缸裡不容易觀察，可將其取出，整成圓球狀看表面，表面呈現光滑，即代表完成。

4
加入材料 **C** 慢速攪拌，混合均勻。

無花果麵包

阿洸小提醒

各種麵團的終溫

（請參考P12）

麵包種類	麵團終溫
無油無糖的歐式麵包	22-24℃
甜麵包	24-26℃
吐司	26-27℃
多數麵包適用	24-25℃

5
麵團裡料多，攪打時容易散開，要多點耐心。

6
以中慢速打至不黏手、麵團離缸即可。

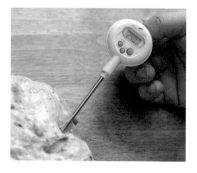

7
麵團終溫為24℃。

Point
如果麵團不小心溫度降太低，發酵的時間就要更長。

Point

在歐洲製作麵包時，常會
利用少量的攪拌與更多的
翻面，靠靜置和翻面來產
生筋度。

發酵

8

蓋布，讓麵團
基本發酵至1倍
大，視室溫狀
況，約50-60
分鐘。

9

將麵團壓平排
氣、翻面（先
往上折三分之
一，再往下折
三分之一）。

翻面作法請參考 P17。麵團
翻面是為了喜好的風味，可
依照個人偏好，省略過程。

10

輕輕捲起來。

11

繼續發酵30
分鐘，再膨脹
0.5-0.7倍。

分割、整形

12
分割125克一個，稍微整形為長條狀。

無油糖麵包不要折太多次。

13
蓋上。中間發酵鬆弛30分鐘。

14
輕壓排氣。

15
翻過來讓平整光滑面朝下，從上方往中間折1/3。

16
再由上方往下折1/3。

17
按壓接合處使其密合，滾成長條狀（依喜好，約20公分長）。

18
壓扁。

19
左右邊反向滾捲，一邊往上滾，一邊往下滾。

20
壓平定型。

21
放至烤盤上，
撒粉。

後發酵、烘烤

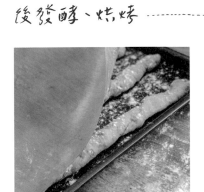

22
蓋布靜置。

23
中間發酵鬆弛
30分鐘。

Point
發酵鬆弛至壓下去稍微有
指印，不會彈起。

24
表面撒粉。

25
以上火
220℃，下火
200℃，烘烤
約18分鐘。

 無花果麵包

1

試試不同形狀

麵包做成相異的尺寸,整體風味口感會
不同,堂本有兩個尺寸的無花果麵包,
一個是如食譜般的細長型,一個是傳統
歐包的扁圓型。長型表皮多,可以吃到
較多表皮香,扁圓型則可吃到較多的麵
包芯,雖然都是同一個麵團,表皮跟芯
的味道不同,只要在分割時,改為300
克一個,整形成扁圓歐包樣,後發即可。

阿洸師傅帶你
品麵包

2

喜歡外層脆皮嗎?
透過烘烤時間調整皮的厚度

長型的無花果麵包帶有較多的脆表皮,
若想多吃一點皮的味道,可以把溫度降
低烤久一點(反之亦然),透過烘烤時間
的調整,改變皮的厚度。

脆口卻不會壞牙的表皮

麵團攪拌時有加入無花果醬,果醬裡的糖分會滲入麵團裡,比起一般無糖麵團的歐包,表皮較柔軟,咬起來好入口。

麵團內有果乾,組織不會像傳統歐包有大孔洞

跟麵團的酸鹼值有關,糖分會改變發酵狀態,讓麵團變得密實,口感紮實有咬勁,簡單回烤一下,皮脆中心軟,酸甜香都有了。

無花果麵包

日常食
DAILY

阿洸的
風味搭配學

1 煎鴨肝

法國餐廳裡常會有無花果配煎鴨肝的組合，煎鴨肝是紅酒無花果的超級好夥伴，這款麵包單吃之外，也可以搭著鴨肝一起，若做的尺寸是扁圓形版本，夾在裡頭一起享用也很好。

2 Blue Cheese 或軟質的卡門貝爾

蜜餞果乾感本就很適合搭配起士，無花果麵包風味厚重，建議搭配重一點的如藍紋起士，會很有亮點。軟質的卡門貝爾起司內有水果風味，跟麵包裡的香料、無花果、柳橙也都可以完美調和。

3 西班牙水果紅酒Sangria

西班牙紅酒裡有繽紛的水果風味，很多都是麵包裡有的味道，冰冰涼涼的搭配飲用，有如吹著微風，既飽滿又輕盈。

4 想喝一杯嗎？氣泡感的飲料都適合

氣泡感飲品常讓人有種歡樂感，這款麵包的組成也很熱鬧，無論是氣泡酒、氣泡水甚至是在Sangria裡兌上氣泡水，搭配著吃心情都會很好。

煎鴨肝好夥伴！

11.

西班牙橄欖麵包

我把麵包當雜炊，
整顆麵包就是一道滋味飽滿的桌餚。

「這不只是一顆麵包，而是一個套餐。」

十幾年前，我曾到台北的forchetta叉子餐廳用餐（後來這間餐廳移師台中，並榮獲米其林一星殊榮），當時即對他的前菜麵包——西班牙農夫麵包印象深刻。

那是一個發酵得很好的酸種麵包，搭著清爽的番茄醬與大蒜美乃滋享用，整個概念的發想來自於傳統西班牙農夫，下田時會帶著麵包充飢，往往到肚子餓的時候麵包已經變得又乾又硬，農夫便隨手摘取新鮮熟透的番茄，將甜美汁液塗抹於麵包上，forchetta的主廚Max轉化此一概念，讓酸麵包跟新鮮的番茄醬、大蒜美乃滋在口中交織成鮮明的酸甜香，非常美味。

Forchetta以西班牙農夫麵包作為前菜麵包，表現得極好，十幾年前不少老饕都為了品嚐這款麵包而專程前往，身為麵包師傅的我，在吃得心滿意足之餘，也一邊思考著，若它不是一款前菜，前後沒有搭配的食物，單獨存在可以如何表現、優化？

「我想用麵包直接做出一個套餐。」我在心裡想著。

剛開始我把佛卡夏抹上整顆大蒜，放上切半的番茄，讓新鮮汁液流入麵包裡，但怎麼吃都覺得不飽滿，由於高中畢業後，我曾在中餐廳工作過2個月，加上平常偶爾會烹調，有基本的中菜經驗，便試

著想像，如果麵包是碗香料飯，我會想要配上什麼菜？

我想把德國香腸切丁，熱油鍋炒出油脂香氣，再撒上黑胡椒、迷迭香繼續炒香，發現光這道黑胡椒香腸丁就可以讓我配上好幾碗白飯，就這樣炒了一兩個禮拜，炒到家裡餐桌每天都有這道菜時，終於讓我找到了最適合此款麵包的比例味道，再把它拌入加了黑橄欖與番茄泥的麵團裡。

如此烤出來的麵包已經香氣十足，但我心裡還是覺得少一個味，既然希望它有吃套餐的滿足感，應該要更豐沛飽滿才是？我把問題放心裡，時時思考著，直到某天靈光一現想到堂本的大蒜奶油麵包抹醬，便試著把它一起放入麵團裡發酵，鏘鏘！出爐了符合期待感的麵包風味。

味道是層層堆疊上去的，為了增加鮮明感，最後我還把烤好的麵包剖半，抹上大蒜美乃滋，再撒點義大利綜合香料，終於完成。

如果把麵包當成一碗白飯，西班牙橄欖麵包便是配料豐富的雜炊；若把它當成體驗，它是我想把整個套餐放在一顆麵包上的嘗試，希望你會喜歡。

對了，食譜裡有堂本的經典抹醬－巴西利蒜味奶油的配方與作法，新鮮的巴西利配上高粱酒會有很好的尾韻，一小瓶蓋就好，隱而不顯最迷人。

製作份量	5 個；100g／1 個
發酵完尺寸	長18cm×寬6cm
出爐尺寸	長19cm×寬7.5cm

材料

A	百分比	重量（g）
高筋麵粉	100%	237
番茄泥	10%	24
法國老麵	10%	24
（作法見P19）		
糖	4%	10
鹽	0.8%	2
水	64%	152
巴西利奶油 *	10%	24
新鮮酵母	3%	7

B		
香腸丁 *	14%	33
黑橄欖	6%	14

總和	221.8%	527

巴西利奶油 *

食材	重量（g）
巴西利	35
蒜泥	72
奶油（先置於室溫軟化至可攪拌之程度）	150
鹽	3
糖粉	4
高粱酒（米酒也可）	適量

製作巴西利奶油

新鮮巴西利洗淨後晾乾，放入調理機打碎，加入其他材料拌勻即可。

Point
◆ 冷凍可存放半年，冷藏一個月。
◆ 加酒會有尾韻，巴西利的味道配上高粱很不錯。
◆ 也可以用來抹大蒜麵包，就是堂本大蒜奶油麵包的抹醬。以前在做大蒜麵包都會準備這個醬；過去做這款麵包時，一直覺得少了一個味道，最後想到把巴西利奶油拿來用就對了！是一款超過15年的堂本經典醬料。

香腸丁 *

食材	重量（g）
德國香腸	50
乾燥迷迭香	1
黑胡椒	2
蒜粉	5

製作香腸丁

香腸事先切丁，熱油鍋炒香香腸，接著加入其他材料炒香即可。

攪拌麵團

1
材料 **A** 混合（酵母除外），放入麵包機，使用手動模式，攪拌成團至產生筋性。

麵團表面不均勻，拉出粗糙的薄膜就表示還沒打好。

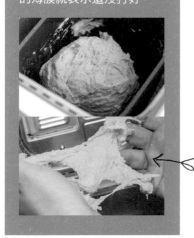

NG

2
繼續將麵團打至表面光滑，能拉出鋸齒狀的半透明薄膜（約 8 分筋）。

Point
若想要越細緻、越軟的口感，打的時間可以加長。

3
此時麵團溫度到達 25℃，就可下酵母，攪拌至酵母吸收。

麵包機升溫更快，更適合採用後下酵母的方式。

4
接著下香腸丁、橄欖，與麵團混合均勻即可。

香腸丁不能太早下，會被絞碎。想要維持口感，料要後下。

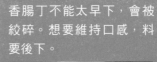

完成薄膜狀態。

發酵 ···

6
取一小塊麵團放進量杯，等待發酵。其餘麵團收圓、蓋布發酵 1 倍。

以這個方法，看量杯刻度即可方便確認已發酵至 1 倍。

— After
— Before

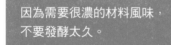
因為需要很濃的材料風味，不要發酵太久。

7
麵團完成。

分割、滾圓鬆弛 ···

8
將麵團切成長條狀。

9
分割成 100 克一個，總共可製作 5 顆。

10
滾動成圓球狀。中間發酵鬆弛 15-25 分鐘，至擀開不會回縮。

擀捲為棍型

11
輕擀壓平，先往下擀，再往上。

12
將麵團擀開成長方形，由下往上翻面。

13
由上往下折，先折三分之一。

14
再往內折三分之一。

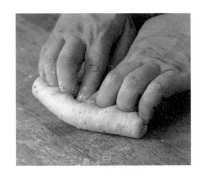

15
兩手除大拇指以外的四指，從剩下三分之一處往上壓，捲起呈棍子型。

16
表面刷全蛋液。

17
平均沾上乳酪絲（份量外），放置烤盤上。

Point
沾料＝帕瑪森起司粉20g＋乳酪絲200g，切碎混合。

後發酵、烘烤 ────────────────

18
最後發酵約50
分鐘。

19
以上火
200℃，下火
230℃，烘烤
約11分鐘。

20
烤好後在冷卻
架上放涼，從
側面剖開，剩
1/5不切斷。

21
抹上大蒜美乃
滋，撒上義大
利綜合香料。

阿洸小提醒

既然是雜炊或套餐，是不是想要
換什麼食材都可以？當然是！這
個麵包的發想，是一層層風味堆
疊上去的過程，因此每個人都可
以做出屬於自己的西班牙橄欖麵
包。食譜僅是參照，建議你也可
以想想看黑橄欖、番茄和什麼食
材能夠搭配，這是一款很能玩味
的麵包。

Point
大蒜美乃滋＝美乃滋350g
＋蒜泥75g拌勻。

1 感受喜歡的風味組合

對於這款西班牙橄欖麵包來説,麵團就像一個載體,發酵的時間短,屬於直火快炒,吃的不是麵包的發酵香,而是食材的搭配之味,品味的原則便是自己喜歡,吃來滿意的味道組合。

阿洸師傅帶你
品麵包

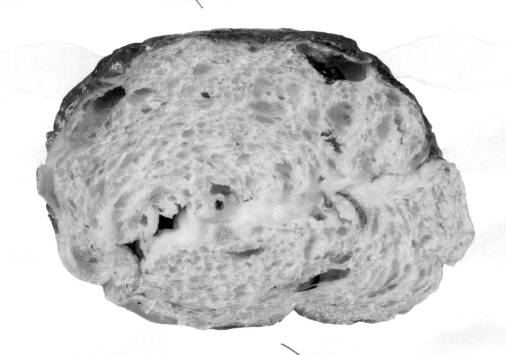

雖然風味很主觀,沒有一定的標準,但既然是麵包,首要原則是一定要烤熟,烤熟的麵包吃的時候不會黏牙,化口性好。

2 一定要烤熟

動手做溫暖又美味的麵包

日常食
DAILY

阿洸的
風味搭配學

1 西班牙番茄冷湯

很直覺的搭配法，兩者都有番茄、大蒜、辛香料，一個是喝的，一個是吃的。西班牙也是這款麵包發想的起源地，傳統的番茄冷湯本就會加上隔夜麵包，一口麵包一口湯，或者是像百年前的西班牙勞工般，直接把麵包浸潤在冷湯裡。

2 沒有 kuso 你，
貢丸湯也很合理

這是從香料的線索而來，貢丸湯上的香菜或芹菜是橋接的樑，讓西班牙橄欖麵包可以搭配上清爽的貢丸湯，超出預期的配法，在嘴巴裡卻不會打架。

3 黃金泡菜

客人教我的，某天他直接把黃金泡菜夾在西班牙橄欖麵包中，讓我吃了很驚喜，泡菜的酸甜感跟大蒜合縱連橫，把風味的飽滿度又提升了！可惡，我原以為自己的風味搭配已經夠豐富，沒想到還是被老客人找到突破點，後來我自己也常這樣搭。

4 想來杯飲料嗎？
啤酒、燒酎、
煎茶、玄米茶都適合

既然這款麵包是一個套餐，就用餐飲搭來思考，想來點酒精的話，啤酒、燒酎都是好選擇。覺得味道重想讓口腔清爽點？煎茶、玄米茶等日系茶飲也適合。有可能搭咖啡嗎？有的單品咖啡會帶有香料感或乾番茄味道的，也可以試試。

搭配西班牙番茄冷湯！

12.

玉米毛豆
洛代夫

洛代夫的高含水量麵團很考驗麵包師傅的技術，
但也是大家都想追尋的一個目標。

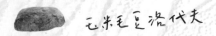

「我們常對未知恐懼，
但如果把自己歸零，就沒有什麼好害怕了。」

洛代夫麵包（lodeva）起源於南法的洛代夫小鎮，它的組成很簡單：麵粉、水、鹽巴、酵母與魯邦種，高含水量與雙重發酵的特性，讓它獨樹一格，烤過之後整個麵包體會變得很輕盈，切面會留下較大的氣孔，可以充分表現原料與發酵的風味，也適合當做載體，甜鹹皆可，裝盛喜歡的食材。

連續兩年的野．臺．繫（連結各領域的料理職人，推廣在地食材、飲食文化的餐酒會），我都以洛代夫麵包傳達出台灣滋味。第一年以蘆筍汁取代食譜裡一半的水分，做出蘆筍洛代夫，第二年則用台灣的馬鈴薯當主角，後來也曾做過草仔粿口味，這次示範的是生活裡常見的食材組合：玉米與毛豆，以此拋磚引玉，洛代夫麵團對食材的包容度很高，每個人都可以用材料2：麵團1的比例，做出想要的風味。

製作洛代夫麵包需特別留意的秘訣，要先用66%的水分，打出六

到七分的筋度，靜置一小時待水合作用與發酵後，再慢慢把剩餘的20%水分加進去，最後麵團會呈現濕黏癱軟的樣子，跟一般打好的麵團的蓬軟感完全不同，也因為濕軟，無法整形，僅用刮刀分割後，讓它後發酵即可，顛覆許多做麵包的手法與原則。

也正是這樣的高含水濕軟麵團，從攪拌過程到分割翻面，讓許多麵包師傅卻步，但我神奇地發現，叫店裡剛學麵包的小師傅們做常一次就成功，他們沒有既定的觀念，就是照著指示耐心製作，因為就算是我，也都曾因慣性而失敗了好幾次。

洛代夫麵包是我這幾年很喜歡的麵包類型，它既滿足了麵包師傅對於發酵與技術的追求，也讓整個歐包質地，在不用副材料的狀態下變得柔軟，目前它只有在野台繫的餐會上公開亮相過，堂本麵包店則是打游擊戰式的偶爾推出，非常設性商品，之後我還想做蜜紅豆口味，或者是芭樂乾加上辣椒粉跟梅子粉，將洛代夫麵團結合更多有趣的台灣風味。

一切都還在實驗中，常常還是一著急就失敗，不過成功與否都是自己告訴自己的，沒有放棄繼續做就對了。

*「野・臺・繫」是由一群來自台灣各界料理職人：廚師、麵包師、侍酒師、咖啡師、調酒師、餐具設計師、甜點師等自主組成的團體，期望以各自的專業穿針引線，結合台灣元素，量身打造「在地饗宴」，一期一會，每年年底舉辦餐酒宴，曾於2017年、2018、2019年分別舉辦過三次野臺繫饗宴（2020年因covid-19疫情停辦）。

攪打麵團

製作份量	6個（麵團攤平，平均切）；130g／1個
發酵完尺寸	10.5×10.5×4.5cm
出爐尺寸	10×10×5.5cm

材料

A	百分比	重量（g）
高筋麵粉	100%	320
法國老麵	26%	83
（作法見P19）		
鹽	2%	6
水	66%	211
新鮮酵母	2%	6

B		
水（後加水噴霧用）	20%	64

C		
剝好的毛豆	20%	64
玉米粒	20%	64

總和	256%	818

1
麵粉、鹽與老麵放入麵包機中。

2
加入材料**A**的水211克。

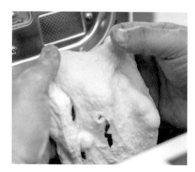

3
第一階段攪打至有粗糙的鋸齒狀。

4
加入新鮮酵母。

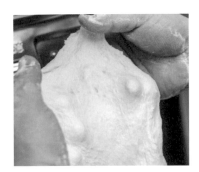

5

攪拌至產生筋性。

6

取出、稍微揉捏,整成圓形。

冷藏靜置

7

蓋上保鮮膜。

8

冷藏靜置1小時。

9

從冷藏取出,水合作用後,會使水分和澱粉更加結合,並且增加風味與加強麵筋筋度。

10

麵團從冷藏取出後,放入麵包機中一邊攪拌麵團、一邊將材料 **B** 的水噴入。

Point

◆ 水溫要配合麵團溫度(常溫水)。

◆ 加水的秘訣:把水放在噴霧罐裡,慢慢噴入麵包機中,這樣會更快吸收。

11

繼續打至9分筋,且帶有小鋸齒或完全離缸即可。

加入配料、發酵

12
加入毛豆跟玉米。

13
中速攪拌均勻至離缸狀態，麵團溫度22-24℃。

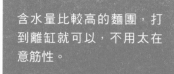

含水量比較高的麵團，打到離缸就可以，不用太在意筋性。

14
簡單整形，靜置發酵一個半小時。

15
待發酵完成後，輕拍，把大氣泡拍出。

翻面三次

16
翻面，由右往左折第一折。

17
由左往右。

18
翻面對折。

19
捲起。

20
每30分鐘翻面
一次,共3次。

翻面並沒有固定的手法,
大約3至4次,每次間隔
30分鐘。(可參考P17)

麵團分割、後發酵 ------------------------

21
第三次翻面完
30分鐘後,輕
拍麵團,不要
破壞氣泡,輕
拍成長方形。

22
以刮刀在麵團
上方輕壓出分
割線。

23
分割成六份。

24
放入烤盤,表
面撒粉。

25
蓋上塑膠布或
塑膠袋,再發
酵0.5倍,約
半小時。

26
斜對角割一條
線。

27
以上、下火
200℃烤10分
鐘即可。

1

一定要烤熟

烤到壓邊邊帶著彈性,用手指輕彈,底下有空洞感(代表水分都被蒸散了),拿起來輕輕的,就是熟了(烤至中心溫度98℃)。

阿洸師傅帶你
品麵包

2

孔洞的大小

洛代夫麵包歷經發酵及水分蒸散後,裡面的結構會比較鬆軟,切面會有大孔洞,但若烤出來沒孔洞也不用緊張,不是世界末日,只要下次翻面稍微輕一點,不用覺得失敗,多做即可。

3

吃起來化口性好，很輕盈

洛代夫的含水量高，整個麵團烤完後水
分蒸散會變得輕盈，烤熟後吃來化口性
好，外脆內濕潤。

4

帶點微酸與甘味

單純的洛代夫麵團，不用加任何副材料
就非常美味，麵包本身會帶著發酵的微
酸與甘味，也很建議先用麵粉、水、
鹽、酵母來做原味版本，熟悉了以後再
加入喜歡的風味材料。

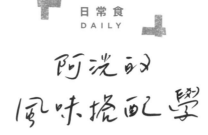

日常食
DAILY

阿洸的風味搭配學

1 抹甜酒豆腐乳

若以華人的食物來比喻，洛代夫麵團有點像鬆軟且烤過的饅頭，切開後抹上豆腐乳，會是個有趣的搭配。

2 與苦茶油、醬油膏沾著吃

取法西式油醋醬，以苦茶油3：醬油膏1的比例，調勻後沾著洛代夫一起享用，增添麵包的多層次風味。

3 搭配豆子湯／松露馬鈴薯豆子泥

某次吃法國菜累積的經驗，玉米毛豆風味的麵包，沾著豆子湯或豆泥都很適合。

4 想喝一杯嗎？紅茶或柳橙汁都很好

如果沒有用上風味濃厚的副材料，洛代夫麵包的本體味道輕盈，不管紅茶、咖啡、果汁都很適搭。

紅茶或柳橙汁都很好！

油潑辣子與費南雪竟然可以有關係！？
這款甜點展現了我的離經叛道，
透過奶油炸法，
讓杏仁的焦糖風味更明顯。　　費南雪

13.

「食譜只是參考，主要還是製作者可以從中看到什麼，
並加入想法，即使偶爾離經叛道也無妨，頂多做壞了幾個麵包甜點，
但絕對可以累積很多經驗，全是日後的寶藏。」

費南雪是很常見的法式甜點，大眾對它的風味口感有一定的熟悉
度，常不容易有驚喜，不過10年前我在東京的ECHIRE奶油直營
專賣店裡，吃到店內的費南雪時，驚豔無比，ECHIRE直營店裡的
費南雪獨樹一格，除了造型相同外，風味口感全和我多年飲食經驗
品嚐到的截然不同，讓我突然意識到，如此成熟的商品，原來也可
以玩出新風貌。

回國後我便捲起袖子來研究，但怎麼做，都很難跳脫出原本的味道
邏輯，老是在口感軟硬、杏仁味的強弱、要不要加香草等徘徊，很
難有像ECHIRE直營店裡的大躍進。

之後我索性開始脫離食譜，嘗試各種合理、不合理的離奇作法，某
次奶油還來不及放涼，我想到曾在電視裡看過老師傅製作油潑辣
子，透過高溫將香料的風味萃取，既然我也想要有杏仁香，不如試
試看吧！涮的一聲，把熱呼呼的奶油沖入杏仁粉裡，結果……杏仁
粉全燒焦了，整盆的慘劇。我不死心，想著是不是有方法可以沖出
杏仁香又不至於燒焦，認真看著材料，想著糖粉可以吸收熱能作為
緩衝，便把一半的糖粉倒入杏仁粉裡，再試一次，涮～，杏仁燒焦
的情形少了許多，而且香氣十足，「咦，好像有點成功。」我鼓勵著
自己，並以找不到答案不死心的堅持，繼續以不同的糖杏比與油溫
狀態，涮涮涮的沖刷杏仁粉，我想，如果杏仁粉會說話，一定會大

喊不要再這樣凌遲它了。

在燒焦了許多杏仁粉後，終於成功，我看到杏仁粉也含淚微笑，覺得犧牲總算有價值了！我常覺得食譜只是參考，主要還是製作者可以從中看到什麼，並加入想法，即使偶爾離經叛道也無妨，頂多做壞了幾個麵包甜點，但絕對可以累積很多經驗，全是日後的寶藏。

我都跟身旁的同事說，日常生活的積累很重要，吃到喜歡的食物搭配，絕對要記錄下來，從路邊小吃到米其林餐廳都要嘗試，每個都會有啟發，在研發麵包時，食譜只是參考，你可以有最大的空間做實驗，但一旦成為常態性的商品時，就請你尊重堂本SOP。

因為我是全台灣最懶惰的麵包師傅，在成為堂本SOP之前，各種合理或離奇的作法我幾乎都會嘗試，多年的管理經驗讓我深知，少一個動作便少一份失誤，所以請不要自作聰明地減少任何一個步驟，不影響風味的作法我一定都簡化了，其他就請按部就班，確實執行。

研發出有意思的作法很讓人歡喜，成功的那刻我一度以為自己是天才，但我當然深知，這是多年養成的結果，我還在配方裡加入了一點蜂蜜，堂本的費南雪一共烤了兩次，和坊間的作法與風味都截然不同。

取法油潑辣子，看似離經叛道，卻有著很好的結果，謝謝那次東京行的品嚐，給了我一個重新看待費南雪的機會，也讓我做出了自己的版本。

製作份量	約 20 個
出爐尺寸	4.2×9cm、 34-36g／1 個

材料	重量（g）
杏仁粉	74
糖粉	162
奶油	263
蜂蜜	16
蛋白	168
T65 麵粉	100
總和	783

製作杏仁糖粉糊

1
糖粉先取1/3量，和杏仁粉混合備用。

2
奶油263克下鍋加熱。

Point
加熱時會起泡滿起來，要趕快攪拌消泡，或是使用更大的鍋子加熱。

3
加熱至奶油呈
咖啡色，熄火。

4
趁熱沖入步驟**1**
杏仁糖粉中。

5
快速攪拌均勻。

用熱油把杏仁粉的香氣沖
出來，就像是油潑辣子的
概念。

6
加入剩餘 2/3
的糖粉。

7
繼續攪拌均
勻，放涼。

Point

糖粉與杏仁粉在此處加入
的先後比例、糖粉的多或
少，都會影響杏仁粉被奶
油沖熱的香氣；糖量少一
些杏仁會比較香，可以自
行調整量，但一定要先混
入至少1/3，杏仁粉才不會
燒焦。

 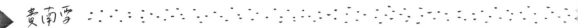
完成麵糊

8
靜置半小時降溫。
等待的時間先以
室溫軟化的奶油
（份量外）刷費南
雪烤盤，每個角落
都要均勻抹上。

9
在降溫後的麵
糊中加入蜂蜜。

10
稍微混合。

11
加入蛋白。

12
加入麵粉。

13
混合後用力攪
拌至看不到顆
粒。

倒入模具、烘烤

14
以湯匙將麵糊
放入刷過奶油
的模具中，達
九分滿。

冷卻後再回烤

15
將模具拿起在桌上輕敲，把空氣敲出。

16
進烤箱，上火220℃、下火190℃，烤12-16分鐘（依成品上色程度判斷）。

約烤8分鐘時（總烤時間約2/3時），將烤盤前後對調方向，再續烤4-6分鐘。

17
從烤箱取出，倒到冷卻架上。

18
把費南雪擺正，冷卻。

19
再放進預熱後的烤箱，上、下火220℃，回烤5分鐘，正面朝上避免變形。

冷卻後再烤一次會讓費南雪香氣更足。

阿洸師傅帶你
品麵包

1

烤色要夠

要烤到稍微咖啡色，香氣才
足，可慢慢調整每次的溫度
去感受變化，烤到最香的那
一刻！只要不要焦苦就好。

2

一定要烤熟

沒烤熟會有明顯的生粉味，
外加黏牙感，香氣也會不足。

練習煮奶油的顏色

奶油加熱到呈咖啡色後，即可立刻熄火沖入杏仁粉裡，此時使用溫度計會來不及，要多練習煮奶油的眼色，記住咖啡色的視覺感，趁熱沖下。

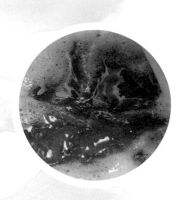

4

適度和空氣接觸帶出表皮脆感

配方裡的奶油多，烤起來不會太硬，跟空氣適度接觸風乾後，表皮會脆脆的很迷人，不密封可保存2天，密封後表皮會變軟，不過一樣好吃，可保存10天。

日常食
DAILY

阿洸的
風味搭配學

1 就想配熱紅茶

不知道為什麼,吃費南雪會很想喝熱紅茶或伯爵茶,它濃郁的奶油風味,可以舒緩掉紅茶容易有的澀感,油脂也能包裹住茶香,把味道都留在口腔裡,餘韻十足。

2 來點打發鮮奶油吧!

想要來點犯罪的喜悅嗎?那就沾著打發鮮奶油一起吃吧!費南雪跟打發好的鮮奶油絕頂適合,兩種不同奶香,一深沉一濃郁,在嘴裡融化跳探戈。

3 加點煉乳

有點跳tone的搭法,其實就是炸春捲加煉乳的感覺,夭壽甜加上宇宙甜,靈魂深處的渴望。

4 想喝一杯嗎?來杯堅果味的單品咖啡

費南雪的杏仁香氣,可以選搭有堅果味的單品咖啡,整體會變得優雅。帶酸的咖啡也適合,油脂豐富的它可以讓酸味圓潤。

熱紅茶是絕佳組合！

蝴蝶酥 14.

跟香港師傅學水皮，
瞬間打通所有的製作關節，
只要走出框架，答案其實很簡單。

「香港傳統的水皮作法，給了我一個全新的視角，
也讓我看見了自己的侷限，深刻認知到不同系統的作法應該多交流，
就像西餐講究數據，若能把西式的科學烹調引入東方菜餚，
許多老菜就不用擔心失傳了。」

我很喜歡吃香港的蝴蝶酥，卻總覺得沒有掌握到對的口感與味道，
與其做得「早」不如做得「對」，因此堂本一直沒有生產蝴蝶酥，直
到去上了香港老師傅文福安教的蝴蝶酥做法，任督二脈瞬間被打
通，才發現自己先前都走錯了方向。

我以為自己非科班出身，面對烘焙沒有框架，但做了這麼多年還是
免不了知見障，先前我用法式千層派皮的概念處理蝴蝶酥，在千層
派皮的概念下去調整手法與配方，沒想到文福安師傅的作法，完全
顛覆我曾經做過的任何法式千層派皮，以香港水皮做的麵團像一灘
爛泥，放置半小時後竟然發展出極佳的彈性，加了鹽的油酥，包裹
其中連鬆弛都不用，把以往我們需要耗費大量時間，四折一、三折
一，每次需要半小時到一小時鬆弛的千層酥折法，減到5分鐘。

這和香港地狹人稠，餅房空間狹小，凡事講求速度與效率有關，在

如此的時空背景下，才發展出香港的傳統水皮做法，原以為含水量高的水皮，製作出來口感會有影響，沒想到烘烤出來卻呈現極佳的酥鬆感，和法式的硬脆不同，很像小時候吃的掬水軒餅乾，也是我記憶裡港式蝴蝶酥的感覺。

這個發現讓我獲益良多，香港傳統的水皮作法，給了我一個全新的視角，也讓我看見自己的侷限，深刻認知到不同系統的作法應該多交流，就像西餐講究數據，若能把西式的科學烹調引入東方菜餚，許多老菜就不用擔心失傳了。

記得有次看到一位中餐師傅在教拔絲地瓜，煮糖時說你看煮到這樣的稠度就可以了，如果這時有個溫度計，把參數記錄下來，在複製或傳承時是否會更方便？但這樣是不是會讓老師傅覺得失去了自己的價值？這又是另一個問題了。

回到喜歡的蝴蝶酥，現在堂本有販賣法式跟港式兩種做法，港式酥鬆、法式硬脆，其中港式蝴蝶酥常讓我回到小時候的記憶，覺得它好適合鐵盒，等我找到盒子，就來做蝴蝶酥鐵盒餅乾。

法式蝴蝶酥食譜網路上很多，這裡就分享香港傳統的水皮做法，從打麵皮到烘烤，90分鐘完成。

製作份量	約 80 片（切 1cm 厚）；
	約 53 片（切 1.5cm 厚）
麵團尺寸	切完長 4cm × 寬 2cm
出爐尺寸	長 3.5cm × 寬 4cm

材料

A 水皮（水分含量高）	重量（g）
高筋麵粉	126
低筋麵粉	53
有鹽奶油	32
（放室溫軟化）	
水	168

B 油酥	
有鹽奶油（冰的）	263
T45 法國麵粉	210
（操作環境如果溫度較高，建議使用冰過的麵粉）	

C	
砂糖（裹入用）	68

總和	920

Point

◆ 如果喜歡甜感更明顯的風味，砂糖份量可調整至 85 克。

◆ 油含量與麵粉筋度會影響蝴蝶酥的酥鬆脆，這款配方吃起來比較酥鬆化口。

製作水皮

1
將麵粉倒在乾淨的檯面上。

2
在麵粉中間劃出火山口。

3
在火山口中間加入材料 **A** 的軟化奶油和水。

4
將液體慢慢往外推，緩慢粉水混合，注意不要讓粉牆破掉，以刮刀攪拌均勻，約 2-3 分鐘；也可用攪拌機攪拌，約 1 分鐘，均勻就好。

麵團攤平、冷藏

5

拿起麵團,放入撒過粉的鐵盤。

6

在鐵盤上推平,推成0.5公分厚度。

7

以保鮮膜封起。

8

放入冷藏至少30分鐘至1小時(放一晚也無妨,可隔日再使用),進行水合作用。

Point
攪拌手法

將麵團以刮刀攤平。

再刮起來收攏。

讓麵粉慢慢吸收,產生筋性(約2至3分筋),攪拌至有粗糙的表面。

水合作用

麵粉裡蛋白質和液體（水、牛奶
等）結合，透過液體作為觸媒，
讓蛋白質分解、水合，先結合成
塊狀麵團，再持續形成排列整齊
的組織結構，有利於後續揉捏、
攪打時，筋性的生成。

製作油酥

9
等待時間可製
作 **B** 油酥。將
奶油（從冷藏直
接取出使用）與
麵粉混合。

10
以刮刀在麵粉
內切碎奶油。

11
以手輔助混合。

12
混合至沒有塊
狀奶油，可以
開始揉捏。

13
揉捏至沒有奶油塊，成團。

14
整形，壓成約3公分厚片狀。

Point
油酥完成後直接使用，不要再冰回去，會變硬。

包入內餡

15
從冰箱取出水皮，取油酥在麵團上比對大小，過大或過小可在此時整形。

麵團寬度至少需要是油酥的3倍大再多一些。

16
確認大小後將麵團取出。

17
放置帆布上。

以帆布為底可以減少手粉的用量。

18
將內餡置中包入。

19
左右向中間包好。

20
底部撒大量的
粉。

21
輕拍黏合。

> **Point**
> ◆ 操作時如果麵皮容易破
>   裂，那麼在先前攪拌步
>   驟時可以多攪拌一點，
>   增加筋度。
> ◆ 如果麵皮破了也不用太
>   擔心，只要從兩側往破
>   洞推攏，撒上麵粉，輕
>   拍就可以再度黏合。

22
在上方撒粉。

23
以擀麵棍敲開。

24
再上粉，繼續
以擀麵棍壓滾
開。

25
壓成米字形，
會黏隨時撒粉。

26
慢慢擀開至
0.2-0.3公分。

擀開後先四折

27
左右兩邊向中間折入，中間留一條小縫。再對折。

28
轉90度，底部撒粉（保持麵團好操作）。

在法式千層酥要盡量避免破皮，但在港式千層酥裡不是非常重要。

29
將麵團滾長。

三折

30
往左折1/3，再往右折1/3。撒粉，滾長。

31
以米字型慢慢壓開。

四折、冷藏鬆弛

32
左右向中間對折。

可看出麵團折出的層次。

33
中間預留一小縫。

35
以保鮮膜蓋上，冷藏靜置鬆弛半小時。

34
再對折（四折一）。

折出層次、鋪上砂糖

36
鬆弛完成後，以擀麵棍壓出米字形，左右平均壓開即可。

> **Point**
> 蝴蝶酥麵團的折法，總共四折一次、三折一次、再四折一次。

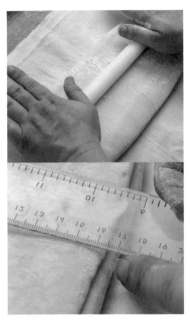

_37_
上下滾開，至
寬度17公分。

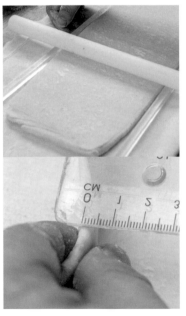

_38_
滾長，擀到厚
度為0.3-0.5公
分。

_39_
撒上砂糖，鋪
均勻。

_40_
上下內折，中
間留約一個手
指寬的小縫。

_41_
由上往下對折。

_42_
用手輕壓，定
型，把接合處
壓平。

43
依照盤子寬度
分切。

—— 切面圖

冷藏定型、切片炸烤 ------------

44
放入冰箱冷藏。

冷藏半小時定型，切的時候
會比較漂亮。

45
將冷藏過後的
麵團取出，切
成1公分厚的片
狀。

Point
切1公分厚度口感較酥；若
切1.5公分會較脆。

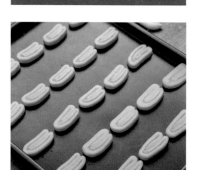

46
擺放到不沾烤
盤上，上下距
離約為蝴蝶酥
的寬度。

47
進烤箱。上、
下火200℃，
烤約16-20分
鐘。

1

烤盤不要留太多油

烤盤留油即代表破酥。做法式千層常戒慎恐懼，很怕破酥，但以港式水皮作法，無論對溫度或破酥的容錯率都很高，製作時，若不小心破酥，只要從旁邊拉一小塊麵團補上，撒上一點乾粉就可以成皮，不需太擔心。

阿洸師傅帶你
品麵包

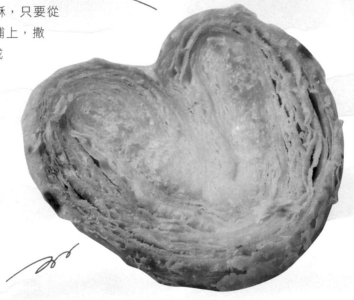

2

品嚐奶油與焦糖香

原料決定風味，例如改變油酥材料裡的麵粉品牌，從T45法國粉改為低筋麵粉，風味就會清淡許多，建議選用好一點的原料，吃來會有很好的質地，不小心自己做的就會贏過市面上的許多品牌了！

3

火候要夠

火候是蝴蝶酥的靈魂，烘烤時可把烤色烤深一點；若火候不夠會沒有焦糖香且不酥脆。

日常食
DAILY

阿洸的風味搭配學

1 珍珠奶茶、鴛鴦奶茶

蝴蝶酥和鴛鴦奶茶是香港同根生,不過手邊不見得隨時都有港式奶茶,搭台灣的珍珠奶茶也很好,重點是奶茶,可以和蝴蝶酥的奶香味配成一對。

2 卡布奇諾、拿鐵

這款蝴蝶酥很適合跟奶製飲品一起享用,可讓奶油焦糖香在嘴裡保留久一點,卡布、拿鐵等含奶咖啡都是好選擇。

3 Affogato 或冰淇淋

可將蝴蝶酥插在 Affogato 上,有點像吃千層派冰淇淋的感覺,若無濃縮咖啡,直接沾著冰淇淋一起享用也很棒。

4 想喝一杯嗎?來杯玉米濃湯吧!

玉米濃湯也是有奶的飲品,甜鹹豐滿,跟蝴蝶酥一起沾著吃,熱呼呼的很有飽足感。

搭配奶茶！

15.

薑餅人

我不希望它吃起來辣口，
但要你吃完身體暖暖的……

「**我認為秘密不在作法，**
而在對味道的理解，以及抓準自己要去哪裡的方向感。」

很自然的，這是為了聖誕節而推出的商品，我想做出具裝飾性又好吃的薑餅人，所以它不能只是一個薑餅人（咦？那要是什麼？），它得是個「十足討喜」的薑餅人，大部分消費者吃到它都得喜歡（我好貪心），不能只是因為可愛而購買，保存期過了就丟進廚餘桶裡。

我決心要做一款適合冬天吃，不管有沒有聖誕節你都會想要去買的薑餅人，在收集了坊間大量的食譜配方，發現大師的食譜強調技術，家庭食譜簡單好操作，我沒有非要大師食譜不可的包袱，反倒從家庭食譜裡，選了個一點也不新奇，極度日常的作法，開啟堂本版薑餅人的研究。

我認為秘密不在作法，而在對味道的理解，以及抓準自己要去哪裡的方向感。熟悉的朋友都知道，我的個性和外表一樣，圓圓的，不喜歡與人起衝突，凡事盡量圓融，這也跟我身為老二有關，從小卡在很會讀書的哥哥妹妹間，每次考試都吊車尾，自然得有一套轉身滑過的生存哲學。

我想把薑餅人尖銳的個性給修掉，太強的薑味、香料味通通拿掉，這指的不是從配方裡刪除，而是透過材料的彼此制衡，讓味道圓潤不突出，好比用黑糖、蜂蜜，讓薑味變得暖和卻不辛辣，荳蔻、丁香雖然是創造風味層次的要角，卻不能讓它輕易的浮上檯面；肉桂是關鍵，關於肉桂，請讓我臭屁一下，多年來我已經可以拿捏到，讓不喜歡吃肉桂的客人都能欣然吃下我的產品，如何把肉桂用得恰到好處，成為淡淡隱味，秘密就是……多練習就會了！（笑）。

薑餅人推出後，獲得很多女性朋友的歡迎，只要冬天第一道寒流來襲，我們便會開始備料，上架這款充滿暖意的餅乾，為了滿足身體需求，還會觀察氣候，當溫度降低時，小小地增加薑粉用量，反之則減少。

這是一款充滿香料味的餅乾，若想要更「融合的滋味」，麵團做好後可以冷藏一個禮拜後再烘烤，風味大不相同，非關好壞，自己做的樂趣便在於，玩出喜歡的味道。

每年，我只要在堂本看到這位薑餅小人，就知道冬天來了，很開心當初我的決定是對的，修掉薑餅人的稜角，讓它能不特別突出聲勢，卻依舊療癒暖心。

製作黑糖牛奶醬

製作份量	約 4 片
模具尺寸	長 11.5cm × 寬 10cm

材料

A	重量（g）
黑糖	74
牛奶	50
蜂蜜	21

B	
奶油（放室溫軟化）	137
糖粉	42
鹽	2

C	
低筋麵粉	299
薑粉	16
薑餅香料 *	5

總和	638

薑餅香料 *（混合備用）	重量（g）
荳蔻	10
肉桂	5
薑粉	20
丁香	2

1
黑糖、牛奶倒入鍋中，以中小火加熱攪拌混合（為了讓黑糖融化）。

> **Point**
> ◆ 如果煮完黑糖還是沒有完全融化，可靜置一晚，讓黑糖融化後再使用。
> ◆ 也可事先多做一些，冷藏備用（冷藏可保存3-5天）。

2
放涼後（若是於冷藏取出，放至室溫再使用），加入蜂蜜拌勻，備用。

完成奶油霜

3
將已放室溫軟化的奶油、糖粉、鹽拌勻。

Point
可用刮刀把奶油壓平，更容易拌勻。

4
攪拌至沒有粉末。

5
分兩到三次加入黑糖牛奶醬。

如果有乳化完成，奶油會掛在容器邊，代表完成。

黑糖牛奶醬若加太快，容易油水分離。

NG

6
完成的奶油霜倒至檯面上。

完成餅乾麵團

7
奶油霜與麵粉、薑粉、薑餅香料粉混合。

8
稍微以刮刀切、拌、混合。

9
以手輔助邊拌邊壓,因為材料中有薑粉,此時雙手可能會有溫熱感。

10
麵團拌至均勻。

11
以手壓實。

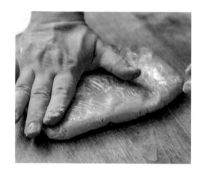

12
以保鮮膜包好。

13
在保鮮膜中整成方正。冷藏隔夜,讓香料與麵團風味完全融合。

壓模、烘烤

14
冷藏完成後，在麵團表面撒粉。

15
擀成0.4-0.6公分厚，需厚度一致。

Point
厚度薄吃起來會脆口。

16
以模具切割麵團。

17
稍微左右晃動，把邊邊切下的料拿走。

18
再把模具取出。

剩下的邊料可反覆擀平，切成長條或喜歡的大小一起烤，不浪費。

19
放在不沾烤盤或烤盤布上，直接入旋風烤箱，以150℃，烤27-30分鐘。

Point
◆ 如果是用有上下火設定的烤箱，即為上下火各加15-20℃，烘烤時間控制在35分鐘以內。
◆ 這款配方沒有加蛋，奶素可吃。

1

不要烤焦

薑餅人的顏色本就比較深，很容易一不小心沒有判斷好烤色就過頭，烤過頭會有明顯的焦苦味，若烤色太深且不勻稱，通常就有過頭的危機，可先依照食譜參數，再用家裡的烤箱多試幾次，記錄下每次的溫度與時間，調節出適合的烤溫。

阿洸師傅帶你
品麵包

2

一定要烤熟

不能因為擔心烤焦，就烤得太生。沒烤熟除了顏色淺，也會有生粉的味道，吃起來會軟軟無脆度。

3

透過麵粉、奶油調整軟硬度

每個人都有喜歡的薑餅口感，若想要硬一點，可以加10-20克的麵粉，想要軟一點，奶油也可以加個5-10克，去調整想要的口感。

4

想要薑味濃一點還是淡一點呢？

在打底香料裡，薑粉的比例不動，建議增減的是主材料的薑粉份量，添加5-10克都還在整體配方的平衡裡，堂本麵包店會根據氣候來增添薑粉用量，也給讀者參考。

日常食
DAILY

阿洸的風味搭配學

1 香料熱紅酒

同樣是冬天的食物，以香料手牽手，配方裡，奶油放得不是太多，當宵夜有種無負擔的滿足感，帶著一點點酒意，等等會更好入眠。

2 卡布奇諾

我的薑餅人內有黑糖牛奶醬，整個風味概念有點像去咖啡廳時，點咖啡會送上一片焦糖肉桂小餅乾，堂本薑餅人跟咖啡放在一起，絕對完美。

3 薑汁奶茶

冬天的餅乾，適合搭配冬天的飲品，薑汁奶茶以薑味連結彼此，若是個喜歡薑味的人，想要來點濃厚暖意的話，薑薑好。

4 桂圓紅棗茶

在桂圓紅棗茶裡加薑很溫暖，如果不想放入薑片，就配著薑餅人一起吃吧！堂本的薑餅人不像市面上的香料味濃郁，香料是作為淡淡的打底層，很適合當成冬日的隨身小零嘴。

搭配香料熱紅酒！

「與其做出模範生的作品，
我更想做出溫暖人心的食物。」

請問阿洸師傅！

堂本流 15 款經典配方與風味筆記，教你在家做出溫暖療癒的麵包

作者	陳撫洸
文字採訪	馮忠恬
食譜校對	廖思雯、黃俊傑、孫培風、賴忻雅
	陳怡安、周郁展、詹欣翰、賴紀均
	郭學穎、洪舒怡、陳加泓、黃湘凌、林承澔
特約攝影	林志潭
美術設計	黃祺芸
特別感謝	邱凱偉（封面人物插畫）
社長	張淑貞
總編輯	許貝羚
特約主編	馮忠恬
行銷企劃	洪雅珊
發行人	何飛鵬
事業群總經理	李淑霞
出版	城邦文化事業股份有限公司　麥浩斯出版
地址	115 台北市南港區昆陽街 16 號 7 樓
電話	02-2500-7578
傳真	02-2500-1915
購書專線	0800-020-299
發行	英屬蓋曼群島商家庭傳媒股份有限公司城邦分公司
地址	115 台北市南港區昆陽街 16 號 5 樓
電話	02-2500-0888
讀者服務電話	0800-020-299（9:30AM-12:00PM；01:30PM-05:00PM）
讀者服務傳真	02-2517-0999
讀這服務信箱	csc@cite.com.tw
劃撥帳號	19833516
戶名	英屬蓋曼群島商家庭傳媒股份有限公司城邦分公司
香港發行	城邦〈香港〉出版集團有限公司
地址	香港灣仔駱克道193號東超商業中心1樓
電話	852-2508-6231
傳真	852-2578-9337
Email	hkcite@biznetvigator.com
馬新發行	城邦〈馬新〉出版集團 Cite(M) Sdn Bhd
地址	41, Jalan Radin Anum, Bandar Baru Sri Petaling,
	57000 Kuala Lumpur, Malaysia.
電話	603-9057-8822
傳真	603-9057-6622
製版印刷	凱林印刷事業股份有限公司
總經銷	聯合發行股份有限公司
地址	新北市新店區寶橋路 235 巷 6 弄 6 號 2 樓
電話	02-2917-8022
傳真	02-2915-6275
版次	初版 7 刷 2024 年 8 月
定價	新台幣 550 元 / 港幣 183 元

國家圖書館出版品預行編目（CIP）資料

請問阿洸師傅！堂本流15款經典配方與風味筆記，教你在家做出溫暖療癒的麵包/ 陳撫洸著. -- 初版. -- 臺北市：城邦文化事業股份有限公司麥浩斯出版：英屬蓋曼群島商家庭傳媒股份有限公司城邦分公司發行，2021.08

面；　公分

ISBN 978-986-408-712-9(平裝)

1.麵包 2.點心食譜

439.21　　　　　　110009996